农民培训精品教材

U0272223

农机手与机收减损

张 强 程 鹏 黄同翠 高 莉 王 娣 主编

中国农业科学技术出版社

图书在版编目（CIP）数据

农机手与机收减损／张强等主编. --北京：中国
农业科学技术出版社，2024.4
ISBN 978-7-5116-6783-0

Ⅰ.①农…　Ⅱ.①张…　Ⅲ.①农业机械-使用方法
Ⅳ.①S220.7

中国国家版本馆 CIP 数据核字（2024）第 079229 号

责任编辑	白姗姗
责任校对	李向荣
责任印制	姜义伟　王思文

出 版 者　中国农业科学技术出版社
　　　　　北京市中关村南大街 12 号　邮编：100081
电　　话　（010）82106638（编辑室）　（010）82106624（发行部）
　　　　　（010）82109709（读者服务部）
网　　址　https://castp.caas.cn
经 销 者　各地新华书店
印 刷 者　北京富泰印刷有限责任公司
开　　本　140 mm×203 mm　1/32
印　　张　5
字　　数　150 千字
版　　次　2024 年 4 月第 1 版　2024 年 4 月第 1 次印刷
定　　价　39.80 元

《农机手与机收减损》

编　委　会

前　　言

随着农业科技和农业机械化技术的快速发展，新时代农业生产对农机手的知识能力和技能水平的要求也在不断提高。为了帮助农机手更好地了解掌握主要农作物的机械化生产技术，提高农业生产效率和质量，我们特别编写了本书。本书旨在使农机手等相关技术人员全面了解主要农机化生产技术，掌握实际操作技能，并能在实际农业生产中运用所学知识，提高农作物的产量和品质。

本书涵盖了机械化播种、耕地保护型耕作、水稻机械化育插秧、大豆玉米带状复合种植、油菜机械化种植、花生机械化种植、主要农作物机收减损、农用无人机植保技术等方面的农业机械化作业的专业技术内容，介绍了相关机械化技术的基本概念、技术原理和操作方法，重点讲解了不同农作物播种收全程机械化的技术要点以及一批常见农机具的构造、工作原理和操作技巧，以期帮助读者掌握高效、精准的农业机械操作技能。在相关章节中，还结合实际案例，讲解了相关农业机械化技术的操作要点和注意事项等。

本书内容紧密结合实际生产，语言简洁明了，易于理解和记忆，注重实际操作能力，为从事农业生产工作打下坚实的基础。此外，还可以通过本书的学习，更好地了解农业机械行业的发展趋势和新技术应用、发展，拓宽自身视野。本书适合不同层次的农机手、农业机械爱好者自学以及相关培训机构作为培训和学习的教材使用，也可作为农业技术人员和农业院校师生的参考书籍。

为了提高本书的实用性及前瞻性，本书的编写团队来自知名高等院校、基层农机和农业推广机构，由多位具有丰富经验和专业背景的学者和专家组成，他们具有深厚的理论知识和实践经验。

　　由于编者能力水平有限，加之编写时间仓促，难免有一些瑕疵和纰漏，恳请各位读者指出并提出宝贵意见。

编　者

2024 年 3 月

目　　录

第一章

专业农机手的职业素质要求

第一节　专业农机手的基本职业道德

一、道德与职业道德

（一）道德

道德是调节人与人之间、人与社会之间、人与自然之间关系的行为规范的总和。在通俗意义上，道德指做人的道理和规矩。

道德主要依靠社会舆论、传统伦理观念和习惯、个人的信念和良知等因素来维系，以是非、善恶、荣辱等为评判标准。道德是除法律、经济、行政手段之外，第四种维系社会关系的基本手段。

（二）职业道德

职业道德指人们在进行职业活动过程中，一切符合职业要求的心理意识、行为准则和行为规范的总和。它既是一般社会道德在特定职业生活中的体现，又突出体现在特定职业领域内特殊的职业要求。职业道德与社会公德、家庭美德、环境道德等一起构成社会主义道德的整体。

任何职业都有与该职业特点相适应的、比较具体的行为准则和规范要求。医生救死扶伤，法官明镜高悬，商人诚信公平，都是具有职业特点的职业道德。职业分工使不同职业的人们之间形成特殊的社会关系——职业关系，它需要有与之相适应的特殊的行为规范来加以调节，职业道德由此形成。

（三）道德与职业道德的关系

道德和职业道德是人们日常生活和工作中不可分割的两个方面。道德是人们在社会生活中应遵循的行为准则，它是社会稳定和人类文明发展的重要保障；职业道德则是在特定职业领域中所遵循的行为准则。

1. 道德对职业道德的影响

道德对职业道德有着深远的影响。首先，道德是人们行为的准则，它可以约束人们在职业领域中的行为，推动人们遵守职业道德规范。其次，道德可以提高职业人员的社会责任感和职业荣誉感，使他们更加忠诚、勤奋、专业和负责任。最后，道德可以帮助职业人员保持良好的声誉和信誉，增强他们的职业竞争力。

2. 职业道德对道德的影响

职业道德对道德也有着重要的影响。首先，职业道德是道德的一种具体表现，它可以让人们更加直观地了解道德准则，构建起更加完善的道德体系。其次，职业道德可以促进人们在职业领域中的行为规范化，保障公平竞争和诚信交往。最后，职业道德可以提高人们对道德的认识和理解，促进道德的传承和发展。

3. 道德和职业道德的矛盾与解决

道德和职业道德之间也存在着矛盾。在某些情况下，职业道德可能会与道德准则相悖。例如，为了追求利润，一些企业可能会采取不道德的手段，破坏社会公信力。这时，我们需要通过加强道德教育、完善职业道德规范等方式来解决这种矛盾。

二、中国特色社会主义新时代的职业道德

（一）新时代职业道德的丰富内涵

当今世界的综合国力竞争，归根到底是人才的竞争和劳动者素质的竞争，而劳动者素质的提升在很大程度上有赖于职业道德建设的成效。2020 年 11 月，习近平总书记在全国劳动模范和先进工作者表彰大会上指出："在长期实践中，我们培育形成了爱岗敬业、争创一流、艰苦奋斗、勇于创新、淡泊名利、甘于奉献的劳模精神，崇尚劳

动、热爱劳动、辛勤劳动、诚实劳动的劳动精神，执着专注、精益求精、一丝不苟、追求卓越的工匠精神。"劳模精神、劳动精神、工匠精神是中华民族精神谱系的重要组成部分，是以爱国主义为核心的民族精神和以改革创新为核心的时代精神的生动体现。劳模精神、劳动精神、工匠精神在劳动实践中产生和发展，都与劳动者的职业活动与职业素养紧密相关，三者之间相互补充、相互支撑，丰富和拓展了新时代职业道德建设的内涵。

（二）新时代职业道德的主要内容

《新时代公民道德建设实施纲要》中明确指出："推动践行以爱岗敬业、诚实守信、办事公道、热情服务、奉献社会为主要内容的职业道德，鼓励人们在工作中做一个好建设者。"

爱岗敬业是社会主义职业道德最基本、最起码、最普通的要求。爱岗敬业作为最基本的职业道德规范，是对人们工作态度的一种普遍要求。爱岗就是热爱自己的工作岗位，热爱本职工作。敬业就是要用一种恭敬严肃的态度对待自己的工作。

诚实守信是做人的基本准则，也是社会道德和职业道德的一个基本规范。诚实就是表里如一，说老实话，办老实事，做老实人。守信就是信守诺言，讲信誉，重信用，忠实履行自己承担的义务。诚实守信是社会主义最基本的道德规范之一，是做人做事的基本准则，也是各行各业的行为准则。

办事公道是指对人和事的一种态度，也是千百年来人们所称道的职业道德。它要求人们待人处世要公正、公平。

热情服务就是在执业活动中一切从群众利益出发，为群众着想，为群众办事，为群众提供高质量的服务。

奉献社会就是积极自觉地为社会做贡献。这是社会主义职业道德的本质特征。奉献社会自始至终体现在爱岗敬业、诚实守信、办事公道和服务群众的各种要求之中。奉献社会并不意味着不要个人的正当利益，不要个人的幸福。恰恰相反，一个自觉奉献社会的人，他才真正找到了个人幸福的支撑点。奉献社会和个人利益是辩证统一的。

三、中国特色社会主义新时代的专业农机手应具备的职业素养

（一）优秀的个人品德

专业农机手应当大力弘扬伟大建党精神，积极学习"红色精神"，勿忘昨天的艰难与辉煌，无愧于今天的使命担当，不负明天的伟大梦想，以过硬的专业知识和丰富的实践经验，埋头苦干，自觉地提升个人品德与情操。

（二）良好的职业道德

新时代的专业农机手所具有的良好的职业道德是保障农业机械安全生产的必备素质。

1. 忠于职守，务实创新

专业农机手要忠于自己的工作岗位，自觉履行各项职责，认真开展好各项工作。要有强烈的事业心和责任感，不消极怠工，不掺杂私念，不玩忽职守。要勤奋学习、勤于思考，研究和总结工作经验，不断更新观念和知识，工作中勇于创新，与时俱进，创造性地开展工作。

2. 团结协作

专业农机手要坚持规范操作、不搞自由主义；要有全局意识、集体观念，善于沟通协作，互相支持配合，要严于律己，宽以待人，勇于开展批评与自我批评，不断增强自身综合素质，提高工作效率。

3. 树立服务群众的意识

专业农机手是农业生产劳动的中坚力量，必须树立为人民服务的理念，尽力尽责为农民群众出主意、想办法、谋利益，真正做到专业化。

（三）高尚的社会公德

专业农机手是农业农村中最基层的农技人员，在很大程度上是田间地头操作的主宰者，具有战斗力、凝聚力、号召力。加强社会公德建设，就需要专业农机手身体力行，率先垂范，大力倡导文明礼貌、助人为乐、爱护公物、保护环境、遵纪守法的社会公德。

1. 文明礼貌为先的原则，带头发挥先锋模范作用

专业农机手不仅在工作中，而且在日常生活中，都要严于律己、宽以待人，把群众的利益放在首位，服务人民，无私奉献，努力增强自身的社会责任感。

2. 遵纪守法，做优秀的专业农机手

道德是对法律的有益补充，作为专业农机手，更要遵守国家颁布的有关法律法规、政策规定，遵守特定场所的各项规定。

3. 保护环境

我们要建设的现代化是人与自然和谐共生的现代化，既要创造更多物质财富和精神财富以满足人民日益增长的美好生活需要，也要提供更多优质生态产品以满足人民日益增长的优美生态环境需要，作为新时代的农机手更要牢固树立社会主义生态文明观，推动形成人与自然和谐发展的现代化建设新格局。

第二节　专业农机手的安全生产要求

高科技农业机械的广泛应用，为农业生产提供了强大的动力，大大提高了农业生产水平。现在农业机械不仅应用于农业种植，还在林业、畜牧业、水产养殖业、农副产品加工、运输业、经济作物种植等领域得到了广泛应用。随着农业农村经济的进一步发展，农业机械化的步伐将会进一步加快，农业机械的应用领域将会进一步拓展，高科技农业机械在农业生产和农民生活中将会发挥越来越大的作用。当前农业机械化的快速发展，促进农机作业的标准化和规范化，对农机手的技能水平和职业素质提出了更高的要求。

新时代的农机手为了保证安全生产，应该做到以下几个方面。

一、保证农机驾驶操作证件的有效性

农业机械驾驶操作人员，应当按规定取得相对应的驾驶操作证件，并确保驾驶操作证件在有效期内。

二、对纳入牌证管理的农业机械按时参加年度检验

对纳入牌证管理的农业机械除了按规定办理上牌入户手续取得行驶证件外，按目前相关法律法规规定，还需要参加年度检验。因此，农业机械驾驶操作人员在操作这些农业机械时，应首先查看农业机械行驶证上的签注日期是否在有效期内。

三、严格遵守道路交通法律法规

道路千万条，安全第一条。只有参与道路交通的主体都自觉遵守道路交通法律法规，遵守乡俗民约，做到礼让三先，才能最大限度地保证农机作业的安全。

四、严格执行操作规程

不同的农业机械有着不同的操作规程，新时代的农机手在操作这些农业机械时，应该首先熟悉和掌握这些操作规程，并严格按照操作规程操作农业机械。这样才能保证安全操作，才能节本增效。

第二章

机械化播种技术

机械化播种技术，是一种利用机械设备和技术手段来实现种子在农田或其他种植区域播种并确保种子在土壤中均匀分布，从而促进农作物健康生长的技术。这种技术的目的是提高播种效率、降低劳动成本、提高农田管理的效率和促进农业生产的现代化。机械化播种通常使用播种机、种子处理设备和其他相关的农业机械，以实现自动或半自动的种植操作。

第一节　播种机的种类

播种机根据种植模式，可分为条播机和点（穴）播机等。根据作物品种，可分为谷物播种机、棉花播种机、牧草播种机、蔬菜播种机等。根据牵引动力，有非机械力播种机和机械牵引播种机等。根据挂接方式，可分为牵引播种机、悬挂播种机、半悬挂播种机。根据排种原理，有机械强排式播种机、离心播种机、气力播种机等。根据作业模式，有施肥播种机、旋耕播种机、覆膜播种机、通用联合播种机等。随着农业技术的不断进步，还有一些新型的播种机，如精量播种机、免（少）耕播种机、多功能联合作业播种机等，给农业生产带来了更多选择和便利。

一、条播机

（一）一般构造

条播机一般由机架、行走装置、种子箱、排种器、开沟器、覆土器、镇压器、传动机构及开沟器深浅调节机构等组成。图 2-1 是一款典型的谷物条播机。

（二）工作过程

在使用传统的条播机进行作业之前，得先处理地表土壤，确保地表土壤经过耕整并且达到一定的要求。条播机一次就能完成开沟、撒种、撒肥、盖土、压实等步骤。条播机作业时，由行走轮带动排种轮旋转，种子自种箱内的种子杯按要求的播种量排入输种管，并经开沟

1. 肥箱　2. 种箱　3. 排种器　4. 排种管
5. 机架　6. 镇压轮　7. 开沟器

图 2-1　谷物条播机

器落入开好的沟槽内，然后由覆土镇压装置将种子覆盖压实。

二、穴播机

在播种玉米、大豆、棉花等大粒作物时多采用单粒点播或穴播，其主要工作部件是靠成穴器来实现种子的单粒或成穴摆放。目前，我国使用较广泛的点（穴）播机是水平圆盘式、窝眼轮式和气力式点（穴）播机。

（一）一般构造

图 2-2 所示玉米精量播种机是国内较典型的穴播式播种机，主要用于大粒种子的穴播。

这种播种机由机架、种箱、排种器、开沟器、覆土镇压轮等构成。机架由横梁、行走轮、悬挂架等构成，而种箱、排种器、开沟器、覆土镇压轮等则构成播种单体，单体数与播种行数相等。每一单体上的排种器动力来

1. 肥箱　2. 种箱　3. 精量排种器　4. 覆土镇压轮　5. 播种开沟器　6. 施肥开沟器

图 2-2　玉米精量播种机

源由自己的行走轮或镇压轮传动。

（二）工作过程

工作时，由行走轮通过传动链条带动排种轮旋转，排种器将种子箱内的种子成穴或单粒排出，通过输种管落入开沟器所开的沟槽内，然后由覆土器覆土，最后镇压装置将种子覆盖压实。

三、免（少）耕播种机

免（少）耕播种是近年来发展的保护性耕作中一项农业栽培技术，它是在未经耕整的秸秆残茬覆盖地上直接播种，与此配套的机具称为免（少）耕播种机。免（少）耕播种机的主要特点就是具有较强的切断覆盖物和破土开种沟的能力，其他则与传统播种机相同。为了提高破土开沟能力，免（少）耕播种机的开沟器，一般都在前面加设一个破茬圆盘刀，或采用驱动式窄形旋耕刀，以破碎残茬或疏松种沟土壤。

图 2-3 为玉米免耕播种机。该机与拖拉机采用三点挂接，可用于玉米、大豆等中耕作物在前茬地上直接播种。

a. 玉米免耕播种机　　　　　　　　b. 免耕播种作业

1. 牵引装置　2. 施肥开沟器　3. 防堵装置　4. 限深轮　5. 镇压轮　6. 种箱　7. 肥箱

图 2-3　免耕播种机及作业场景

工作时，破茬松土器开出 8~12 厘米深的沟，排肥器将肥料箱中的化肥排入输肥管，肥料经输肥管落入沟内，破茬松土器后方的回土将肥料覆盖。排种部件的气吸式排种器排出的种子经输种管落入双圆盘式开沟器开出的沟内，随后，靠"V"形覆土镇压轮覆土并适度镇压。

应注意的是采用免（少）耕播种时，为防止未耕地残茬杂草和虫害的影响，播种的同时应喷施除草剂和杀虫剂。若播种机无上述功能，则需将种子拌药或包衣，以防虫害。

每种播种机都有其特定的应用场景和优势。选择合适的播种机时，应考虑作物类型、种植规模、土壤条件以及预算等因素。例如，对于大规模的商业农场，可能需要高效的机械化播种机，如精密播种机或条播机。而对于小规模或特殊作物种植，手动播种机或小型悬挂式播种机可能更合适。不同品牌和型号的播种机在技术特性、价格和用户体验方面也各有差异，因此在选择时需要根据具体需求进行综合考量。

第二节　播种机的主要结构

播种机是一种农业机械，其主要结构由开沟器、排种器、排肥器、输种管、肥料箱、覆土器、驱动系统和镇压轮等组成。

一、开沟器

开沟器是播种机的重要组成部分，负责在土地上开沟，为种子的播种创造条件。开沟器的设计通常考虑耕整土壤和破碎残茬的需要，以确保适宜的播种环境。开沟器可分为移动式和滚动式两大类。根据其入土角度又可分为锐角式和钝角式两种。滚动式开沟器可分为单圆盘、双圆盘和变深式开沟器。我国的条播机上多采用双圆盘式开沟器。

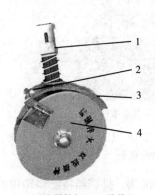

1. 开沟器铲柄　2. 导种口
3. 开沟器体　4. 圆盘
图 2-4　双圆盘式开沟器

双圆盘式开沟器被广泛用在条播机上。工作时，由于圆盘滚动，且入土角为钝角，所以工作时不易缠草和堵塞，在整地较差和有残根杂草及潮湿的土地上都可以使用，适应性较强。图2-4为典型的普通双圆盘式开沟器，两圆盘夹角为14°，作业时开出一个"V"形种沟，播种一行。

图2-5为一种常用的滑刀式开沟器。工作时滑刀在垂直方向切土，刀后的两个侧板向两侧挤压土壤，得到所需的种沟宽度，以便种子落入种沟，两侧板的斜边能使湿土先落入沟内覆盖种子。

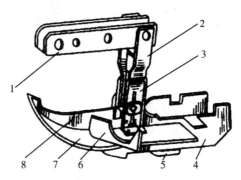

1. 拉杆　2. 开沟器体　3. 调节齿座　4. 侧板
5 底托　5. 推土板　6. 限深板　8. 滑刀

图2-5　滑刀式开沟器

滑刀式开沟器靠挤压入土开沟，不会翻乱土层，开沟宽度较窄，使种子横向分布限制在较窄的范围内，有利于覆土和中耕管理。滑刀式开沟器要求播前整地良好，在土壤松软的条件下使用，适用于播种深度要求较严格的开沟作业。

有些播种机还在开沟器前面加设了破茬圆盘刀或驱动式窄形旋耕刀，以增强破土开沟的能力。常用的破茬部件有波纹圆盘刀、凿形齿、窄锄铲式开沟器、斜圆盘式开沟器和驱动式窄形旋耕刀等（图2-6）。

波纹圆盘刀具有5厘米波深的波纹，能开出5厘米宽的小沟，然后由双圆盘式开沟器加深。其特点是适应性广，在湿度较大的土壤中作业时，也能保证良好的工作质量，并能适应较高的作业速度。凿形齿或窄锄铲式开沟器结构简单，入土性能好，但易堵塞，当土壤太干而板结时，容易翻出大土块，破坏种沟，作业后地表平整度差。驱动式窄形旋耕刀有较好的松土、碎土性能，需由动力输出轴带动，结构较为复杂。

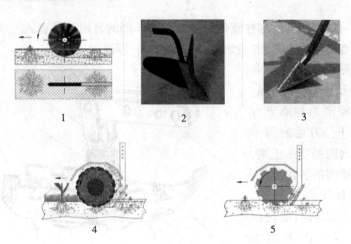

1. 波纹圆盘刀　2. 凿形齿
3. 窄锄铲式开沟器　4. 斜圆盘式开沟器　5. 驱动式窄形旋耕刀

图 2-6　破茬工作部件

二、排种器

排种器是用来有序地将种子送入播种机的开沟器中。每行通常配备一个独立的种子筒和排种器，确保播种的精准性和效率。排种器的设计需要考虑不同种类的种子，确保它们可以被准确地排放到土地上。

排种器是播种机的主要工作部件，其性能的好坏直接影响播种机的作业质量，被誉为播种机的心脏。

排种器按照选种方式分为气力式和机械式两大分类。其中气力式分为气吹式、气吸式、气压式等。机械式分为窝眼轮式、圆盘式、指夹式等。

按照播种方式分为条播和穴播两种方式。条播排种器有外槽轮式、磨盘式、内槽轮式、勺式、拨轮式、花盘式、气力式及离心式等。

图 2-7 为常见条播方式采用的外槽轮式排种器，这种排种器由排种杯、外槽轮、阻塞轮、排种舌、内齿形挡圈及排种轴等组成。其中外槽

轮是排种器的主要零件，轮上有长的凹槽，可以根据播种要求采用不同尺寸和槽数的外槽轮。我国常用的外槽轮直径有51毫米、49.5毫米和40.4毫米3种，槽数为12个或10个。

1. 排种杯　2. 排种轴　3. 外槽轮

图2-7　外槽轮式排种器

外槽轮在排种杯内的伸出长度，称为槽轮的工作长度。轴向移动排种轴，可改变外槽轮工作长度，以调节排种量。

圆盘式精量排种器为常见穴播排种器，如图2-8所示，主要用于播种玉米、豆类等大粒种子的穴播。

三、排肥器

排肥器是播种机的组成部分之一，其主要作用是将肥料有序地排放到土地上，以配合排种器完成肥料的播撒工作。具体来说，排肥器负责将肥料从肥料箱中输送到播种机的输

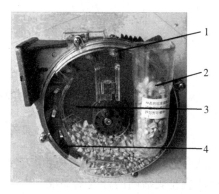

1. 取种装置　2. 输种装置　3. 排种盘　4. 外壳

图2-8　圆盘式精量排种器

种管或单独的排肥管内，然后将肥料与种子一起或分开地落入土地中的种沟内。

排肥器的种类很多，常用的有外槽轮式、转盘式、螺旋式、星轮式和振动式等几种。星轮式排肥器目前国内外使用较普遍。它主要由铸铁星轮、排肥活门、排肥器支座和带活动箱底的肥箱等组成。工作时，旋转的星轮将星齿间的化肥强制排出。常采用两个星轮对转以消除肥料架空和锥齿轮的轴向力。星轮背面的凸棱A和B可把进入星轮下面的肥料推送到排肥口以清除积肥（图2-9）。

这种排肥器的肥箱底部装有活页式铰链，箱底可以打开，便于清

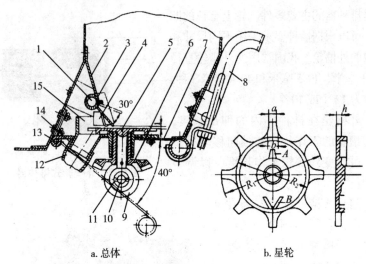

a. 总体   b. 星轮

1. 活门轴   2. 挡肥板   3. 排肥活门   4. 导肥板   5. 星轮   6. 大锥齿轮
7. 活动箱底   8. 箱底挂钩   9. 小锥齿轮   10. 排肥轴   11. 轴销
12. 输肥管   13. 铰链轴   14. 卡簧   15. 排肥器支座

图 2-9   星轮式排肥器

除残存的化肥；星轮的拆卸也很方便。排肥量的调节可以通过调节手柄改变排肥活门的开度来实现。

四、输种管

输种管是将种子从排种器输送到开沟器的管道系统。它需要具备良好的导向性能，确保种子准确地落入开沟器所创造的种沟中。输种管的设计也要考虑机械的耐用性和操作的便捷性。我国北方规模化种植常用播种机型——24 行播种机配套的气流输送式排种系统（图 2-10），输种管选用透明的 PVC 软管。

五、肥料箱

肥料箱是用来存放肥料的容器，其中包括种子和肥料的分离结构，以确保它们在播种的过程中能够分别落入土地。排肥器则负责将肥料有序地排放到土地上，与排种器协同工作，完成肥料的播撒工作。

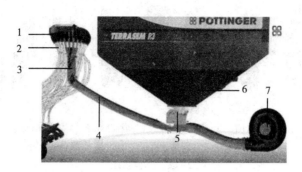

1. 输种管　2. 分配器　3. 导流管　4. 过渡输种管
5. 空气—种子混合室　6. 种箱　7. 风机

图 2-10　气流输送式排种系统原理图

六、覆土器

覆土器是用来将土壤覆盖在种子上，保护它们免受外界环境的影响。覆土器的设计需要考虑土壤的适当厚度和均匀性，以促进种子的顺利生长。

开沟器只能使少量湿土覆盖种子，不能满足覆土厚度的要求，通常还需要在开沟器后面安装覆土器。对覆土器的要求是覆土深度一致、在覆土时不改变种子在种沟内的位置。播种机上常用的覆土器有链环式、弹齿式、爪盘式、圆盘式、刮板式等。

七、驱动系统

驱动系统是播种机的动力来源，通常由驱动轮、传动链条等组成。驱动系统的性能直接影响整个播种机的工作效率和稳定性。

八、镇压轮

在覆土后，镇压轮用于对土地表面进行轻微的压实，以确保种子与土壤有良好的接触，促进种子的发芽和生根。有些镇压轮兼有一定的覆土作用。典型镇压轮如图 2-11 所示。

1. 圆柱平面轮　2. 圆柱单雷轮　3. 圆柱凸面轮　4. 圆柱凹面轮
5. 圆锥凹面轮　6. 圆锥分离轮　7. "V"形组合镇压轮

图2-11　典型镇压轮

这些仅是市场上众多种类中的一部分，具体选择取决于农作物类型、土壤条件以及农户的特定需求。各个生产厂家提供的播种机在设计、性能上都有所不同。

第三节　播种机的维护与保养

一、播种机的使用

播种机在播种过程中，机组应保持匀速前进，中途不宜停车，检修机器和调整检查应在地头进行。因故非停不可时，在重新开动前，由于牵引式播种机不能倒退，必须预先在各行开沟器前约半米范围内撒布种子，防止漏播，产生断条。若为悬挂式播种机，则应将其升起，后退一定距离，再继续播种。播种机在工作中应注意以下几个问题。

一是在工作中要提升或放下开沟器时，只需将升降手柄扳动一下即可，扳动之后，应立即放手。应在播种机转弯之前直线行驶中提升开沟器，不得带着落下的开沟器转弯，这样易损坏机器。开沟器落地后，禁止拖拉机向后倒退，否则会引起开沟器拉杆、吊杆、机架，甚至种子箱的损坏。

二是加入种子箱的种子，要选择无小、秕、杂的好种子。种子箱的加种量至少加至盖住排种器，以保证排种流畅。作业时种子箱内的种子不得小于种子箱容积的 1/5；运输或转移地块时，种子箱内不得装有种子，更不能压装其他重物。当更换所播的种子时，特别是在播大粒种子之后改播小粒种子时，必须彻底清扫种子箱和排种器。因为播小粒种子时，排种舌开度变小，排种口变窄，大粒种子偶然阻塞其中，会影响排种准确性。

三是播种机行进中，严禁进行调整、修理和润滑工作，在拖拉机和播种机间不准站人，也不能坐在种子箱上。播种农机手可以站在播种机脚踏板上，注意观察各部分的工作情况，工作部件和传动部件上黏土或缠草过多时，应停车清理。

二、播种机的检查技术

播种机在作业前应进行全面的技术状态检查，其主要内容包括 6 个方面。

（一）对机架及行走轮的技术状态检查

机架横梁应平直，不得有弯曲变形。机架横梁上的拉筋应拉紧，以防止横梁在负荷冲击下弯曲变形，机架左右梁应平行。牵引架不应弯曲，主梁须符合悬吊的要求，不符合要求应予以校正。地轮的外缘应呈圆形，辐条应无断裂松动现象。地轮的径向和轴向摆差与轴向间隙不应过大，通常用止推垫圈转换一个角度位置的办法来改变轴向间隙的大小。

（二）对排种器的技术状态检查

排种轮的槽齿不得有损坏，排种轮与阻塞轮之间的间隙不应过大。侧壁花形挡圈处要密封良好，不得有裂隙，造成漏种现象。各排种轮的工作长度应一致，可以移动个别排种器在播种箱底部的左右安装位置来校正。排种轮与排种舌之间的间隙应一致，若因安装使位置不一致，则需要重新安装，若因零件变形造成位置不一致，则应校正。排种舌安装应牢固，若安装不牢固，可能会自动把排种盒底部打开成清扫位置，而造成大量漏种损失。

（三）对开沟器的技术状态检查

相邻开沟器之间距离应合乎要求，行距偏差不应过大，所有开沟器下刃口都应在同一水平面上。

双圆盘开沟器的圆盘转动应灵活，自由状态时两圆盘聚点处应无间隙，若不符合要求，可用抽减或加添调节垫片的方法来解决。双圆盘开沟器小轴上的紧固螺母必须拧紧。圆盘外侧的防尘盖要完好，不能丢失。圆盘与导种板之间的间隙不应过大，且两侧间隙要均匀。

（四）对起落机构的技术状态检查

自动升降器分离应彻底，接合应可靠，扳动操纵杆应轻便灵活。杆件变形或内槽轮、双口轮磨损过度时应进行校正或堆焊修复。开沟器拉杆应无变形，起落方轴应无弯曲和扭曲。各开沟器弹簧预紧力应一致，以保持开沟深度一致。各开沟器间距应相等，以保持各开沟器间行距一致。

（五）对排种、排肥机构的检查

种、肥箱平整无凹陷，安装牢固，不漏种、肥，箱盖关闭灵活。

排种器各零件完整无缺，排种轴转动灵活，不碾碎种子。槽轮工作长度一般误差不超过1毫米，且调整灵活。

播量调节机构应灵活，不得自行滑移。

排肥机构转动灵活，齿轮啮合正确，排肥活门调整灵活，开合一致。

（六）对输种管的检查

输种管不应变形、漏种，与排种杯连接可靠。

三、播种机组田间行走方法

（一）划出地头线

在地块两头用拖拉机空行压出清晰可见地头线，作为开沟器起落的标志。地头宽度一般为播种机工作幅宽的3倍或4倍。采用小区套播时，其地头宽度应为播种机工作幅宽的2~3倍。

牵引机组应取大值，悬挂机组可取小值。作业中当开沟器行至地头线位置时要准时升起或降下，以保证地头整齐、不重不漏。

（二）选择行走方法

根据地形、机组等情况选择适宜的播种机组行走方法，如图2-

12 所示。

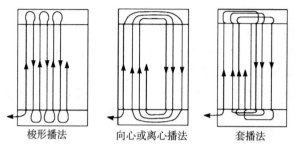

图 2-12　播种机行走方法

1. 梭形播法

机组由地块一侧进入，播到地头后用梨形转弯进入下一行程，一趟邻接一趟，依次播完后再播地头。这种播法的优点是田块无须事先规划；缺点是空行程过长，并要留有较宽的地头。

2. 向心或离心播法

机组从地块一侧进入，由外向内绕播，一直到地块中间播完，此为向心播法；离心播法的机组则由地块中间进入向外绕播，到地边播完。这两种播法的优点是路线简单，顺时针或逆时针绕播都可以，只要在一侧安装划行器或指印器即可。缺点是地块中间均要用梨形转弯，地头留得较宽。

3. 套播法

地块分成双数等宽的小区，其宽度应为播种机工作幅宽的整倍数（3 倍空行程最短），机组从地块一侧进入，播到地头后无环结转弯到另一小区的同侧返回，依次播完。此法地头较小，机组转弯方便；但要求准确区划小区宽度，两侧均要装划行器。

四、播种机的调整

1. 行距调整

调整时，松开"U"形卡丝，将工作部件在梁上左右移动，满足行距要求后，再用"U"形卡丝固定。调整时，应以梁中心为基准，向左右两边对称逐个调整。

2. 施肥量调整

首先松开链轮紧固螺栓，再转动排肥量调节套，改变排肥槽轮工作长度，调整排肥量。调整时，要注意各排肥舌的开度。

3. 深松施肥部件调整

施肥部位可用改变导肥管固定裤在深松铲柄上的位置调整。深松深度可通过在柄裤内上下窜动滚松铲调整。

4. 播种量调整

播种量调整是根据不同作物不同的亩*苗株数和株距要求，通过更换不同的变速链轮组合、改变传动速比而实现的。

5. 开沟深度调整

开沟深度可通过调整开沟器挺杆在顺梁上的安装位置和调整挺杆弹簧的压力来调整。

6. 镇压强度调整

镇压轮挺杆上有等距的孔，当销钉插入不同孔位时，弹簧压力得以改变，从而改变镇压强度。

7. 耕深调整

犁铧的入土深度可通过上下窜动仿形轮柄或铧柄在柄裤内的上下位置来调整，仿形轮柄上移或铧柄下移，入土深度变深，反之则变浅，调整后紧固螺钉，并拧紧锁紧螺母。

8. 链条松紧度调整

精播传动链条松紧度，可通过排种器在排种器拉杆上水平长孔的前后位置来调整，调整后将限位螺栓拧紧。

9. 挂接在拖拉机上的调整

机架左右水平调整，可通过拖拉机悬挂机构左右提升杆长度来调整；机架前后水平调整，调整时，将机具下降到工作位置，调整悬挂机构中央拉杆长度，将机架调到前后水平位置。

---

* 1亩≈667米²。

五、播种机常见的故障及排除方法

播种机常见的故障及排除方法如表 2-1 所示。

表 2-1　播种机常见的故障及排除方法

故障现象	产生原因	排除方法
漏播	排种器，输种管堵塞； 输种管损坏漏种； 槽轮损坏； 地轮镇压轮打滑或传动不可靠	清选种子中杂物，清除输种管管口黄油或泥土； 修复更换； 更换槽轮； 检查排除
不排种	链条断； 弹簧压力不足，离合器不结合； 轴头连接处轴销丢失或剪断	检查各处有无阻卡； 更换损坏零件； 更换轴销
不排肥	大锥齿轮上开口销剪断； 肥箱内肥料架空； 进肥或排肥口堵塞	检查排除
开沟器堵塞拖堆	圆盘转动不灵活； 圆盘晃动、张口； 导种板与圆盘间隙过小； 土质黏； 润滑不良； 工作中后退	增加内外椎体间垫片； 减少内外椎体间垫片，锁紧螺母调整； 清除泥土，注油润滑； 清除泥土； 注油润滑； 清除泥土
开沟器升不起来或升起后又落下	滚轮磨损严重； 卡铁弹簧过松； 双口轮与轴连接键丢失； 月牙卡铁回转不灵	更换损坏零件

六、播种机的闲时养护技术

播种机的维护保养至关重要，可以确保良好的工作状态。第一，清理播种机的各部位的泥土和种肥箱，特别是肥料箱要用清水洗净擦干，然后在箱内涂上防腐涂料。第二，检查机器是否有损坏或磨损的零件，必要时进行更换或修复，同时重新涂漆以防止生锈。第三，对接触土壤的工作部件进行清理，并涂抹黄油或废机油以防止生锈。第四，存放播种机时要选择干燥通风的库房或棚内，机架要支撑牢靠，工具应用板垫起，避免直接接触地面。第五，取下输种管、输肥管等进行清洁，捆好后存放在箱内或上架，避免挤压、折叠和变形。第六，放松弹簧，保持弹簧的自由状态。第七，长期存放后，在下一季播种开始前提前进行维护检修，确保机具处于良好的技术状态。

第三章

联合收割机

第一节　联合收割机概述

谷物联合收割机，这是一种能够一次完成对谷类作物进行收割、脱粒、茎秆分离、清选谷粒、去除杂余物等工序，使农作物在田间就能直接获取谷粒收获的机械，通常简称为联合收割机。联合收割机的推广和使用，提高了农作物的收割效率，极大地降低了农民的劳动强度，使之能一次性完成收割和脱粒两道工序，既节省了收割过程中投入的人力和物力，又大大减轻了他们的经济负担，同时也增加了经济效益。

联合收割机上增加专用装置或经过适当的改装和调整后，可以收获水稻、小麦、油菜、玉米、大豆和高粱等谷类农作物。

一、联合收割机的分类

（一）按行走方式分类

联合收割机按行走方式，分为自走式、牵引式、背负式3种。

自走式联合收割机又分为轮式和履带式两种（图3-1）。

（二）按喂入方式分类

按喂入方式分，有全喂入式联合收割机和半喂入式联合收割机两种（图3-2）。

在收割农作物时连穗头及茎秆全部进入收割机滚筒脱粒的称为全喂入式联合收割机，在收割农作物时只有穗头进入收割机滚筒脱粒的称为半喂入式联合收割机。喂入就是进入，全喂入就是全部进入，半

轮式联合收割机　　　　　　　履带式联合收割机

图 3-1　轮式联合收割机和履带式联合收割机

全喂入式联合收割机　　　　　　半喂入式联合收割机

图 3-2　全喂入式联合收割机和半喂入式联合收割机

喂入即只有农作物的穗头进入。

二、联合收割机的工作原理

（一）半喂入式联合收割机的工作原理

半喂入式联合收割机在进行农作物收割时，切割装置通过夹爪固定作物的底部，割刀随之快速旋转，将谷物割断，夹持输送装置将谷物茎秆夹住，通过输送部分将谷物送入脱粒装置，只将谷穗头部喂入脱粒装置（脱粒装置一般为滚筒式），然后利用滚筒和凹板的配合，将谷物脱粒，脱下的籽粒经凹板筛孔落入清选装置，由抖动板和风扇气流配合清选将谷粒与杂物进行分离，将谷物输送到粮箱，杂物从滚筒排杂口排出机外，脱粒后的茎秆始终由夹持链夹持直到从滚筒出口处排出，从而完成收割作业。

由于所收割的谷物茎秆不是整株都进入并通过收割机的，所以称为半喂入式收割机。由于茎秆不进入脱粒装置，就简化了分离和清选结构，大大降低了动力消耗，同时，可以保持茎秆的完整性。

半喂入式收割机在收割前对农作物茎秆的整齐度、直立度和植株高度要求较高。因此，半喂入式联合收获机主要应用于水稻收割。

（二）全喂入式联合收割机的工作原理

全喂入式联合收割机与半喂入式联合收割机的最大区别就是是否将农作物整体喂入收割机的脱粒装置内。

全喂入式联合收割机在工作时，由割台两侧的分禾器将未割与待割作物分开。待割作物在拨禾轮的扶持下，被割台下部的往复切割器切断，被切断的农作物（含穗头部分）由割台螺旋输送器推至割台前端，再由割台内搅龙的伸缩拨齿往后拨，然后由输送槽内的刮板抓取农作物送至脱粒滚筒，农作物在脱粒滚筒、脱粒凹板筛及脱粒滚筒顶盖的共同作用下做螺旋运动，在这个过程中使农作物的籽粒脱落、茎叶变形破碎，已脱的籽粒和部分颖杂及短茎秆在离心力作用下通过凹板分离后落下，在吹风机及往复振动筛的配合作用下，轻质杂物从收割机后面被吹出，农作物的籽粒落入一号水平搅龙，落入一号水平搅龙的谷粒再由一号升运搅龙送至集粮箱，断穗及穿过筛网的短茎秆落入二号水平搅龙，落入二号水平搅龙的物料经复脱后，再由二号升运搅龙送至往复振动筛再清选，清选出来的农作物籽粒落入一号水平搅龙然后升运送至集粮箱，没有穿过凹板的茎、秆、叶等杂物则向后排出机体。

第二节　全喂入式联合收割机的主要构成及功用

全喂入式联合收割机主要由底盘、动力系统、传动系统、割台、输送装置、脱粒清选装置、储存设备等组成（图3-3）。

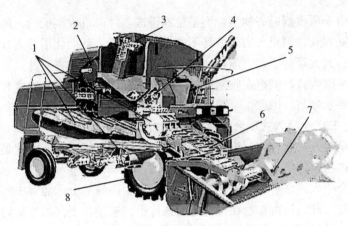

图 3-3 自走轮式全喂入式联合收割机
1. 脱粒系统 2. 发动机 3. 粮仓 4. 传动系统
5. 操纵控制装置 6. 输送装置 7. 割台 8. 行走装置

一、底盘

底盘是收割机的骨架部分，它承载着所有的工作系统和工作装置，为整个收割机提供强大的支持力和运动效率，基本要求是坚固、稳定。

二、动力系统

在动力系统中，发动机是关键中的关键，是整台收割机的心脏，由它提供充足的动力，通过动力传输系统和分离机构，将动力分配至其他系统和工作装置，如切割、输送、脱粒等，同时还能带动其他机械部件（如行走系统等）完成整个作业过程。

三、传动系统

发动机到工作装置之间所有动力传递装置总称为传动系统。为了适应农业机械工作中的不同要求，传动系统应具有减速增扭、变速变扭、中断动力传递等作用。

传动系统主有 4 种传动方式。

（一）机械式传动系统

机械式传动系统结构简单、工作可靠，在各类农业机械上得到了广泛的应用。其基本结构和工作原理是：发动机产生的动力经过离合器、变速器、万向节、传动轴、主减速器、差速器、半轴等传给各种工作装置，并与发动机配合，保证农业机械在不同条件下能正常运行。

（二）液压式传动系统

液压传动系统由液压油泵、各种液压阀、液压缸、液压马达、管道、蓄能器和液压油等组成。液压式传动系统以液体（一般为液压油）为传动介质，利用液体在主动部件和从动部件之间循环流动过程中动能的变化来传递动力。液压传动装置有液力耦合器和液力变矩器两种。液力耦合器只能传递扭矩，而不能改变扭矩的大小。液力变矩器能传递扭矩和适当改变扭矩的大小，其应用场景比液力耦合器广泛得多，但是，液力变矩器的输出扭矩与输入扭矩的变动范围还不能完全满足使用要求，所以在一般情况下，都会在其后面再串联一个机械变速器以取代传统的机械式传动系中的离合器和变速器。

（三）静液式传动系统

静液式传动系统又称容积式液压传动系统。主要由油泵、液压马达、管道和控制装置等组成。其工作原理是：发动机驱动油泵使该系统内的工作油升压，压力油通往管路、各种控制元件和液压马达，液压马达将工作油压转变为转矩驱动各种工作装置。

（四）电力式传动系统

电力式传动系统是利用电动机将电能变为机械能，以驱动工作装置的传动。电力传动由电动机、传输机械能的传动机构和控制电动机运转的电气控制装置组成。

四、割台

割台一般由分禾器、拨禾轮、割刀、割斗、搅龙等部分组成。

分禾器的作用是将农作物分为待割和被割两大部分。

拨禾轮的作用，一是将割台前方的农作物拨向切割器；二是在切割器切割农作物时扶持茎秆切割；三是茎秆被切断后，将茎秆推向割台搅龙，并及时清理切割器上的农作物，以利于继续切割。

割刀分为定刀片和动刀片。定刀片固定在割台下方，动刀片在发动机动力带动下，做往复直线运动，切断农作物茎秆，使作物的茎根分离。

割斗是割下来的农作物临时存放的空间。在农作物被切割后，拨禾轮将农作物拨入割斗，由割斗内的搅龙将农作物输送到输送装置。

五、输送装置

收割机上的输送装置是将收割下来的农作物输送到脱粒装置内的过渡装置，由输送槽和输送链等组成。输送装置通常倾斜布置在收割机的一侧。当推送装置将收割下来的农作物推送到输送器上时，输送带开始运转，将农作物沿着倾斜的方向向后输送到脱粒装置。这种倾斜的设计可以帮助农作物迅速而平稳地从收割机上移送。收割机上的推送装置和输送器是相互配合的，这种配合使得收割机能够高效地完成作业，并确保农作物能够迅速而安全地被收割和输送。

六、脱粒清选装置

脱粒清选装置指能够将农作物籽粒与茎秆和谷壳分离并输出清洁籽粒的机械装置。脱粒装置由脱粒、分离、清选、籽粒输送、二次复脱等组成。在这一装置中，农作物在滚筒内受到旋转的打击，通过滚筒和凹板的相互作用使籽粒与茎秆和谷壳分离，振动中的筛网和吹风机将杂物过滤掉，使谷物从筛网下方排出，成为干净的谷粒，完成清选过程。最后，通过搅龙，将籽粒输送至粮仓。农作物的茎秆和杂物则排出机体。

七、储存设备

储存设备由粮仓和卸粮装置等组成。收割机自带的粮仓一般都不大，只起着过渡作用。卸粮装置一般为选配装置。

第三节 联合收割机的维护保养技术

一、联合收割机维护保养的重要性和目的

联合收割机是农作物收割的主要机械，其结构复杂、使用季节性强、工作时间短、闲置时间长。在联合收割机的使用过程中，有部分操作人员由于对整机的部件构成、各工作装置的工作原理、张紧件的调整方法、一般常见的故障排除、润滑油的正确使用、整机的清理维护等方面并不熟悉和了解，因此在操作使用过程中，就不能按具体的规定和要求来操作、使用、保养、维护，这就会导致联合收割机在使用中故障频发，不仅影响收割机发挥正常功能，降低工作效率，还会增加生产成本。正确维护保养联合收割机，可以延长联合收割机的使用寿命、保证其正常运行、提高联合收割机的工作效率、减少作业损失、降低故障发生率。

二、联合收割机作业前后的保养管理

1. 作业前

联合收割机在每次作业前一定要对机器的水、电、油量进行详细的检查，保证水、电、油量添加到相应的位置。同时，还应检查线路的连接情况，保证线路畅通无阻。另外，根据联合收割机说明书的要求，需要对联合收割机的皮带进行调试。随后还应对脱粒后盖内的脱粒齿杆、搅龙及筛网等逐一进行检查，从而确保各个部分均处于正常状态。检查人员一旦发现异常情况，应及时进行有效的调整。作业前在检查联合收割机底盘时，为了检查方便与安全，检查人员可使用千斤顶进行辅助作业。随后应检查履带、驱动轮等是否处于正常状态。联合收割机在作业前应完成上述检查工作，任何检查环节都不容忽视。另外，对于机器的润滑工作应是作业前保养工作的重中之重。做好联合收割机的润滑，可有效降低各零件之间的磨损，从而延长联合收割机的使用寿命。

2. 作业中

联合收割机在使用过程中通常拥有自动控制模式，该模式优势较为突出，可大大提高联合收割机的工作效率，减轻操作人员的工作负担。但在实际使用过程中仍会出现一定的不足。联合收割机的自动控制模式容易受温湿度、润滑度以及谷物数量等因素的影响，因此一旦出现问题，联合收割机的指示灯就会出现频繁闪烁，此时需操作人员需及时检查寻找问题并进行有效的解决，随后才可继续作业。一旦忽视上述问题，联合收割机极有可能因负荷过大而出现零件受损，从而导致机器无法正常工作。另外，为了防止联合收割机对地面造成过大的压力，破坏土壤结构，联合收割机的履带通常使用橡胶材质。为了能使机器在作业过程中正常行驶，保养人员对于履带的日常保养管理也不可忽视。根据作业地点的路面实际情况制定相应的保养措施。

3. 作业后

联合收割机在完成作业后应根据说明书的要求进行作业后的保养工作，例如及时做好各部件的清洁工作，同时注入相应的油量，涂抹润滑油，检查各部件间的情况。秋收结束后，联合收割机会长时间闲置，此期间的保养工作也应得到重视。

三、联合收割机常用的维护保养技术

（一）联合收割机割台的维护保养技术

在给割台做维护保养时，应该首先将收割机转移到一处能将割台平稳放置在地面上的位置，然后将收割机熄火停车，固定好收割机，防止溜车，并用支撑杆、枕木等防止下降的措施将割台在合适的高度稳定支撑住。在确保安全的情况下，才能进行下一步维护保养工作。

（1）收割机使用前后要及时清理割台，将积累的杂物清除干净。割台在作业过程中会积累大量的杂草、树枝、土壤、秸秆、草屑等杂质，如果不及时清理，会导致割台堵塞，影响收割效果。

（2）定期进行润滑维护。割台由许多个零部件组成，如拨禾轮传动轮、割刀、刀座等，它们在工作中都会消耗掉润滑油，因此需要定期给割台的各个传动部位进行润滑维护。定期添加润滑油脂，保持割台传动件的润滑状态，既可以延长割台的使用寿命，又能保证收割机有良好的工作状况。

（3）调整割台高度，使割刀与地面保持适当的高度。割台的高度需要根据农作物的类型和生长状态进行适当调整，不同的农作物，割台高度也会有所不同。

（4）联合收割机在开始收割之前，应该仔细检查动刀片与定刀片是否完好。如果发现有破损、磨损、变形、松动、锈蚀等情况，需要及时修复或更换。维护保养割刀时，应先把动、定刀片拆分开，清除干净附着在刀片上的草屑、泥土等残留物，检查刀片的铆合部位有无松动、磨损有没有超出标准值、刀杆有无变形情况，若有松动时要及时铆紧，若磨损超标要及时更换，若刀杆变形要进行矫正，按照标准进行修复。维护保养装复后，动定刀片之间的间隙应该保持在规定范围，各传动件应滑移平顺，没有卡滞现象。

（5）拨禾轮的调试。

第一，拨禾轮高低调整。拨禾轮高度要根据农作物秸秆的高矮状态和收割方向进行适当的调整，高秆农作物拨禾轮位置高，矮秆农作物拨禾轮位置低。在收割直立作物时应调整拨禾轮到扶禾爪能通过穗头稍下方的位置。在顺割时应将拨禾器降至最低位置。在进行逆割时应将拨禾轮调整到扶禾爪能扶起穗头的位置。在进行横割和收割全倒伏作物时，应该将拨禾轮降至最低位置。

第二，拨禾轮前后调整。拨禾轮在工作时离不开割台、切割器的相互配合，前后调整拨禾轮位置，其拨禾效果与铺放效果则大不相同。通常拨禾轮在工作时，要与割刀、割台搅龙都保持一定的距离，因此，可将拨禾轮轴调整在割刀前方，如果将拨禾轮调试到割刀后方位置，就要确保割台搅龙与拨禾轮有一定的安全距离。

第三，拨禾轮扶禾爪倾角调整。在对轻微倒伏或直立的农作物进行收割作业时，拨禾轮扶禾爪的倾角较小；如收割倒伏作物，拨禾轮扶禾爪的倾角要稍大一些。

第四，拨禾轮转速调整。当农作物进入割台之前，如果农作物穗头损失量过多时，就需要调整拨禾轮转速，拨禾轮的转速需要与收割机的前进速度相适应。

（二）"V"形皮带的维修保养技术

"V"形皮带又称为三角皮带，以横断面为梯形的形状而得名，是一种环形传动带，它适用于小中心距与大传动比的动力传递，是农业机械中常用的一般的动力传动设备。与链条相传动相比，三角皮带不需要润滑或很多维护，还能解决打滑和对齐问题。

1. "V"形皮带传动的优点

（1）"V"形皮带具有很好的弹性，能缓和载荷带来的冲击，使机器平稳运行而且噪声很小。

（2）当负荷过载时，会引起皮带在皮带轮上打滑现象，这种打滑现象可以起到保护整机的作用。

（3）"V"形皮带制造和安装精度都不像啮合传动的要求那样严格，而且维护方便、无须润滑。

（4）可以通过增加皮带的长度来适应中心距较大的工作条件。

2. "V"形皮带传动的缺点

（1）皮带与皮带轮的弹性滑动使传动比不十分准确，因此传动效率较低，皮带的寿命较短。

（2）传递同样大的圆周力时，外廓尺寸和轴上的压力都比啮合传动大。

（3）不宜用于高温和易燃等场合。

3. "V"形皮带的使用技术

（1）"V"形皮带通常都是没有端头的环形带，为便于安装，应先调整两个皮带轮轴的间距和预紧力。没有安装张紧轮的传动，其中一根轴的轴承位置应能沿皮带长的方向移动，以保证皮带的张紧力达到标准。配有张紧轮的传动，会增加皮带的曲挠次数，缩短皮带的使用寿命。

（2）传动的结构与位置应便于"V"形皮带的安装与更换。

（3）水平或接近水平的皮带传动，应使皮带的紧边在下，松边在上，这样可增大皮带轮的包角。

（4）多根"V"形皮带传动时，为避免各根"V"形皮带的载荷分布不均，同一皮带轮上"V"形皮带的长度应进行配组。更换时必须全部同时更换。

（5）不同型号的"V"形皮带不得混用在同一传动装置中。

（6）装卸"V"形皮带时，应先将张紧轮固定螺栓松开，不能硬将皮带撬下或撬上。必要时，可以转动皮带轮将皮带慢慢盘上或盘下，因皮带制造时公差问题，在盘上或盘下也不要用力过大勉强安装，以破坏皮带内部结构或拉坏轴件。

（7）安装皮带轮时，同一回路中皮带轮轮槽对称中心面位置度误差应控制在规定值范围内。

（8）要经常检查传动皮带的张紧程度，新的传动皮带在刚使用的前两天容易被拉长，要及时检查调整张紧度。

（9）"V"形皮带工作时，环境温度不能过高，一般不超过60℃。

4."V"形皮带的保养技术

（1）机器长期不使用，如冬季存放时，应将皮带放松。

（2）"V"形皮带上不要沾油污，沾有油污时应及时用肥皂水清洗。

（3）"V"形皮带在工作时应以两个侧面着力，如皮带底部与带轮槽底接触摩擦，说明皮带或皮带轮已磨损，需更换。

（4）应该经常清理皮带轮槽中的杂物，并防止锈蚀，以减少皮带的磨损。

（5）皮带轮转动时，不允许有明显的摆动现象，发现皮带轮转动时有摇摆现象，要及时检查皮带轮轴和皮带轮是否变形或歪斜，检查轴承是否磨损或失效损坏，以免缩短皮带的使用寿命和因负荷造成皮带轮、轴更大的损坏与损失。

（6）皮带轮工作面有缺口或变形时，应及时修理或更换。

（7）"V"形皮带应保存在阴凉干燥的地方，挂放时，应尽量避免打卷造成皮带的变形。

（三）脱粒清选装置的维护保养技术

脱粒装置的维护保养，主要任务是检查、调整脱粒间隙和滚筒转速,在谷物的籽粒不出现过高破碎率的前提下,提高脱净率和生产效率。

脱粒间隙及滚筒转速是影响脱粒质量的首要因素,因此,在脱粒环节,要根据农作物的生产情况,合理确定脱粒间隙及滚筒转速,在保证脱粒效率的前提下,适当加大脱粒间隙。如果收获的农作物湿度较大、脱粒困难,就要适当缩小脱粒间隙。

清理撒落在脱粒部件上的秸秆以及脱粒室内的尘土。及时检查脱粒筒轴、脱粒齿杆、连接板、拉杆等脱粒部件上面是否有断痕、裂痕、变形的现象,有没有螺丝松动的现象,检查滚筒运转是否正常,有没有剧烈震动、是否出现松动的现象,如果有必须及时紧固。如果发现脱粒滚筒的磨损超过了正常的标准,就要及时更换,避免损害其他零部件。

清选装置的维护主要从以下几个方面来进行。

一是调整送风量。送风量的大小,一般通过收获谷物籽粒的清洁度来判断。如果谷物籽粒中掺有杂屑,则说明送风量较小;如果排出的杂物中混有谷物籽粒,则说明送风量过大。如果收割时农作物成熟度偏低、湿度比较大,就要适当增加送风量;如果收割时农作物成熟度较高、湿度偏小,则要适当降低送风量。送风量应随时根据收割时农作物的成熟度和湿度进行合理的调整,这样既能保证收获的谷物籽粒有较好的清洁度,又能减少损失。

二是调整清粮室筛板角度。倘若上下筛板倾斜角度过大,就会增加搅龙的工作负荷,极易出现堵塞现象;相反,会漏掉未脱净的穗头。当筛板无杂余堆积或跑出时,则说明倾斜角度适宜。

三是调整导风板。当农作物在收割时湿度过大时,要上调导风板,引导气流从筛板后方吹出;当农作物湿度适宜时,需下调导风板,促使气流由筛板前方吹出。

(四)联合收割机维护保养技术

1. 整机应该选择合适的保管方法和地点

联合收割机因薄板件多、体积比较大,最好存放在阴凉、干燥、通风的室内,或室外不受阳光直射的地方,且最好能用搭棚遮蔽的方式保管。

2. 清理干净残存在联合收割机上各种杂物

除了要对联合收割机外部进行清洗外，要特别注意清理干净传输装置、脱粒清选装置等机器内部的杂物。

3. 对收割机各部件进行润滑

按使用说明书要求对所有有油嘴的轴承加注新鲜的黄油，对所有可调节螺栓的螺纹、动定刀片等部位进行润滑。对收割机的各个零部件进行润滑，能够非常有效地延长各个零部件的使用寿命，这也就相应地延长了收割机整机的使用寿命。

4. 要特别注意收割机上的橡胶或塑料制件的防老化工作

橡胶或塑料制件由于受到空气中的氧气和阳光中的紫外线作用，使橡胶件老化变质、弹性变差或折断。存放橡胶件时，一定要放在室内，并保持通风、干燥，且不能受阳光直射。

5. 及时放油放水

收割机长时间停放之前，应将油箱中的油和水箱中的水放干净。放出燃料箱中的燃油，避免长期不用导致燃油变质。在放水时要等到水温下降之后进行，直到放尽冷却水之后再将水箱开关关上，防止冬季上冻结冰胀坏发动机。

6. 要注意防止零件变形

各种传动带、长刀杆、弹簧、橡胶或塑料制件等零件由于长期受力不均或放置不当就会产生塑性变形，因此应在机架下面加上适当的支撑，使轮胎或履带不承受负载；放松收割机上的所有压紧或拉开的弹簧；在室内妥善保管传动带；易变形零件（如长刀杆）要平放或垂直挂起存放；轮胎、输送管等保管时要防止挤压变形。

7. 按要求对发动机进行常规保养

第四章

耕地保护性耕作技术

保护性耕作技术是一项以免少耕和作物残茬覆盖地表为主要特征的可持续发展农业技术，起源于美国 20 世纪 30 年代的一场"黑风暴"。联合国粮食及农业组织（FAO）对保护性耕作（农业）的定义是，在保证播种质量前提下，采用最少的耕作或者免耕，并要求地表一直有秸秆覆盖，而且播种后的秸秆覆盖率不低于 30%。

第一节　保护性耕作技术和常用的机械种类

一、保护性耕作技术

（一）保护性耕作的内涵

保护性耕作是一种以农作物秸秆覆盖还田、免（少）耕播种为主要内容的现代耕作技术体系，能够有效减轻土壤风蚀水蚀、增加土壤肥力和保墒抗旱能力、提高农业生态和经济效益。

1. 秸秆覆盖技术

秸秆覆盖技术即收获后秸秆和残茬留在地表做覆盖物，这是减少水土流失、抑制扬沙的关键，因此要尽可能多地把秸秆保留在地表。此外，在进行整地、播种、除草等作业时，要尽可能减少对覆盖物的破坏。

2. 免耕、少耕施肥播种技术

与传统耕作不同，保护性耕作的种子和肥料要播施到有秸秆覆盖的地里，故必须使用特殊的免耕播种机。适用的免耕播种机是采用保护性耕作技术的关键。免耕播种是在前茬作物收获后未经任何耕作直接播种；少耕播种是指播前进行了适度整地等表土作业，再用免耕播种机进行播种，以保证较好的播种质量。

3. 杂草及病虫害防治技术

保护性耕作条件下杂草和病虫相对容易生长，必须随时观察，一旦发现问题，要及时处理。我国北方旱作地区经常遭遇低温和干旱，一般情况下，在一年内适时喷洒一次，病虫害主要靠农药拌种防治，有病虫害出现时可喷杀虫剂。在一年两熟地区，由于土壤水分好，地温较高，病虫草害相对会重一些。

4. 深松技术

保护性耕作主要靠作物根系和蚯蚓等生物松土，但由于作业机具及人畜对地面的压实，有些土壤还是有深松的必要，隔 2~3 年深松一次即可。因为深松作业也是在地表有秸秆覆盖的条件下进行，所以要求深松机应有较强的防堵能力。

（二）实施保护性耕作的意义

我国 30 多年实践表明，保护性耕作在秸秆覆盖、少耕或免耕的同时，融合种子、肥料、灌溉和植保等先进农艺技术，不但"保"耕地的效果显著，而且"用"耕地的效益也很显著，是落实耕地保护、藏粮于地国家战略的先进农业技术，有很好的实用价值和意义。

1. 改良土壤结构

保护性耕作采用免（少）耕，减少了耕作对土壤结构的破坏，有助于农田土壤固碳和地力的提升。同时，秸秆、残茬腐烂还田后，可改善土壤的理化性状，增加土壤有机质，培肥地力。

2. 提高土壤地力

实施保护性耕作，可减少 4~7 次进地作业，减轻了对土壤的碾压，同时秸秆还田腐熟后，能够提升土壤有机质含量，增强土壤肥力。长期田间定位试验表明，保护性耕作在实施 3~5 年后，土壤结构和肥力明显改善，土壤由"黄"变"黑"，蚯蚓数量和土壤生物多样性增加。

3. 蓄水保墒

保护性耕作通过田间地表秸秆覆盖和深松，与传统耕作相比，其在蓄水抗旱方面的优势是"蓄得多，保得住"，主要体现在保护性耕作地表覆盖使地面温度降低、风速减小、无效蒸发减少。此外，保护性耕作可提高 0～30 厘米深度土层 40% 左右的土壤通气孔隙和 9% 左右的土壤蓄水孔隙，增加天然降水入渗，大幅度减少地表径流和土壤水分的无效蒸发，增强土壤蓄水保墒能力，提高农田抗旱节水能力。

4. 减轻土壤侵蚀

实施保护性耕作，用作物秸秆给耕地"盖被子"，避免大面积地表裸露，并减少土壤扰动，表土不松散，减轻因风蚀水蚀造成的水土流失、土壤耕层变薄和肥力降低等问题，对防止土壤退化具有明显的优势和作用，还能够遏制和降低"沙尘暴"发生的频率和程度，促进水土保持。

5. 节能减排，助力"碳达峰、碳中和"

保护性耕作可减少作业环节，减少农业物质（燃油、肥料等）投入，降低农业生产中的温室气体排放，有效增加农田土壤固碳潜力，助力"碳达峰、碳中和"目标的实现。由于保护性耕作减少了作业环节，因此可显著减少燃油消耗；相对传统耕作，保护性耕作可减少化肥投入量 10% 左右；保护性耕作可减少土壤扰动，提高氮肥利用率，缓解土壤有机质分解速率，培肥地力，促进土壤固碳量的增加；作物秸秆覆盖可减少露天焚烧，降低温室气体排放。

6. 节本增效，促进农民增收

实施保护性耕作，可减少灭茬、旋耕、起垄、镇压、搂秆和坐水等生产工序，节省用工和作业成本效果明显。据实践调查，传统耕作需要进行旋耕灭茬施肥、起垄、播种、镇压、苗前封闭除草、苗期中耕除草、垄沟施肥、喷矮化剂和收获 9 次作业，而保护性耕作只需要深松、秸秆归行、免耕播种、苗带喷药除草、收获 5 次作业即可，每公顷可节省作业成本 1 000 元。

二、保护性耕作常用的机械种类

保护性耕作常用机具主要有免（少）耕播种机、深松机、表土作业机具、秸秆残茬管理机具及其他保护性耕作机具等。

（一）免（少）耕播种机

免（少）耕播种机主要部件有防堵装置、种箱、肥箱、播种机、开沟器、镇压轮等。防堵装置在整个机具最前方，将要进行开沟播种的前方土地表面的秸秆残茬等进行预处理，减少机具因秸秆缠绕等问题导致的工作效率降低等问题。种箱和肥箱分别装入种子和肥料，经过播种机和肥料控制装置以及管子落在开沟器后侧，用以控制播种和施肥的速度以及种子和肥料在土壤中的深度。镇压轮在免（少）耕播种机工作过程中与土壤表面接触，带动镇压轮旋转，镇压轮与播种机和肥料控制装置用轴连接，来控制播种和施肥的速度。

图4-1为小麦免（少）耕播机，利用拖拉机驱动，动力传输到变速箱，由变速箱带动刀轴、防堵刀片等旋转作业，进行碎土、破茬防堵作业，形成带状耕作，即只针对种床耕作、行间不耕作的效果。

1. 施肥开沟器　2. 镇压轮　3. 圆盘破茬刀
4. 变速箱　5. 排种器　6. 种肥箱

图4-1　典型小麦免（少）耕播种机

图4-2为玉米分层施肥免耕播种机，可以一次完成深松、施肥、播种、覆土、镇压5项作业的联合作业播种机，在深松铲上安装了分层施肥装置，实现了深松的同时化肥3层分施，深松深度30厘米。同时利用株距8挡可调的精量排种器实现精量排种，保证每亩5 000株

1. 播种单体　2. 地轮　3. 深松分层施肥铲
4. 机架　5. 肥箱

图4-2　典型玉米分层施肥免耕播种机

的播种量。

（二）深松机

深松机的主要作用是通过松散和改善土壤结构，提供更好的土壤条件，促进植物根系的生长、通气和营养吸收。这有助于提高农作物的产量和质量，并改善土壤的保水能力和抗旱抗涝能力。此外，深松还可以减少土壤侵蚀和水土流失的风险，促进土壤有机质的积累和循环利用。

深松机的松土刀具被安装在下部，一般是沿着一定间距排列的尖锐锄头形状。当深松机移动时，松土刀具会穿透土壤，然后通过挖掘和切割的方式将土壤从原本的位置移开，切断土壤原本的结构，但不翻动土壤，保持土壤的上下层结构，对土壤扰动较小。在松土刀具的作用下，土壤变得松散，打碎了原来板结的土壤，让土壤中产生空隙，有利于土壤中的通气和水分的渗透，并且在深松机工作的时候，也可以破碎大的土块和残留物，让土壤变得更加细腻均匀。在深松机经过的土壤表面还会变得更加平整。

1. 凿形深松机

图4-3为普通凿形深松机，由拖拉机拖动深松机在田间作业，作业时将深松机放下，限深轮在土壤表面滚动前行，通过改变限深轮与机架主梁的安装配合位置，改变深松机下铲的深度。

1. 限深轮　2. 机架主梁　3. 凿形铲

图4-3　普通凿形深松机

普通凿型深松机工作幅宽较小，适用于间隔深松；在稍深的土层处，铲柄与铲尖对两侧土壤产生强烈的挤压，增加土壤的压实，不利于土壤疏松；且深松后铲柄会在土层中留下垂直缝隙，造成水分蒸发，尤其对于干旱地区来说不利于保墒。

图4-4为在普通凿形深松机的铲柄两侧增加翼铲形成翼铲式深松机，在铲尖松动范围内，翼铲对浅层土壤进行二次疏松，相比普通

凿型深松机扩大松土面积，提高松土质量。

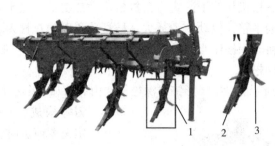

1. 松土刀具　2. 铲尖　3. 翼铲

图4-4　翼铲式深松机

图4-5为凿式振动深松机，在凿形深松机基础上增加了激振源，由于振动深松机在作业时给凿形铲增加了一个振动，让凿形铲通过土壤的时候阻力减小，所需拖拉机的牵引力需求也就更小。

a. 自激振动深松机　　　　　b. 强迫振动深松机

1. 液压弹性元件　2. 凿形铲　3. 限深轮　4. 激振装置

图4-5　凿式振动深松机

图4-5a是自激振动深松机，图4-5b是强迫振动深松机。凿式自激振动深松机的激振源主要来自变化的土壤阻力，由于土壤表面不平整等田间的复杂环境，在作业过程中的阻力不断变化，其中与凿形铲铰接的弹性元件不断充能放能，实现对凿形铲的振动。凿式强迫振动深松机的激振源动力来自拖拉机，作业效率更好，但是拖拉机驱动需要耗能，且对已破碎的土壤有冲击压实作用，同时振动易使深松铲及其他部件产生疲劳，影响深松机使用寿命。

2. 全方位深松机

全方位深松机相较于凿式深松机松土性能更好、松土范围更大，且作业后地表平整，但动力消耗大，秸秆覆盖时通过性差、易堵塞，不适用于中耕时深松作业。根据深松铲形状可分为"V"形铲式深松机和侧弯式深松机。

图4-6所示为"V"形铲式深松机，由底刀和2个左右对称的侧刀等构成。当机具以一定速度前进时，"V"形铲刀将土垡条向上抬升、撕裂，土垡条因剪切、拉伸得到疏松，松碎后的土壤回落到"V"形沟内，无较大的孔隙，有利于干旱地区保墒。

1. 机架梁　2. 限深轮　3. 侧刀　4. 底刀

图4-6　"V"形铲式深松机

图4-7所示为侧弯式深松机，其主要结构"L"形侧弯铲柄分为垂直部分和倾斜部分，铲尖安装在倾斜部分的下端。工作时，侧弯铲柄的倾斜部分对土壤进行切割，并向上抬起土垡，对该部分土壤进行剪切、拉伸破坏，从而达到松土效果，而铲尖能够在松土层底部形成鼠道，

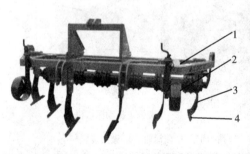

1. 机架梁　2. 限深轮　3. "L"形侧弯铲柄　4. 铲尖

图4-7　侧弯式深松机

促使雨水入渗。侧弯铲柄取代凿式深松机的铲尖进行碎土，在能耗相同的条件下，提高了机具的入土性能，且碎土效果比凿式深松机好。

（三）表土作业机具

在保护性耕作技术实施中，常常需要进行地表处理，主要为平整土地、除草、疏松表土、提高地温等，为播种创造良好的种床。同时还可以将部分秸秆混入土中，减少地表的秸秆覆盖量，防止大风将粉碎的秸秆刮走或集堆，影响秸秆覆盖效果。

1. 弹齿耙

在保护性耕作技术中，目前应用较多的是弹齿耙（图4-8）。弹齿耙主要是通过振动的耙齿来疏松土壤，平整地表，同时防止秸秆缠绕，可用于播种前的地表处理，达到创造良好种床、提高播种质量等目的。

图4-8 弹齿耙

根据工作部件弹齿耙可分为凿式、锄铲式等。

2. 动力驱动耙

动力驱动耙是指利用拖拉机动力输出轴，通过万向节传动轴和传动系统，驱动工作部件进行旱田碎土整地作业的机具。

图4-9为动力驱动耙，左图是大华宝来1BQ系列驱动耙，其由拖拉机动力输出轴输出动力，带动工作部件作业，可一次

图4-9 动力驱动耙

性完成松土、碎土、平整、镇压等作业，具有结构紧凑、作业效率高、适应性强等优点。图4-9右图是德沃1BQ-3立式旋转驱动耙，该驱动耙可一次完成碎土、平地、镇压等作业，且不会将深层湿润土壤翻到表层，保护了土壤的墒情，形成了良好的种床，满足播种条件。

3. 浅松机

浅松机与深松机类似，相较于深松机而言，浅松机的土壤作业深度浅，作业表面更加密集，工作部分主要为浅松铲，也有以耙代替浅松铲的。浅松机作业时，表层土壤和秸秆从浅松铲表面流过，并经过

镇压，从而获得平整细碎的种床，实现平地、除草、碎土功能，同时浅松还能降低表土容重，提高表土温度，减少播种开沟器的阻力，改善播种质量。

图4-10为AMAZON生产的SG系列浅松机。该机采用宽翼浅松铲和凹面圆盘（460毫米）相结合的耕作机构，可以实现秸秆覆盖地的浅松除草作业，笼式镇压器可以保证地表作业后的平整，从而为后续的播种作业创造良好的土壤条件。

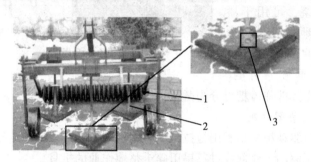

1. 宽翼浅松铲　2. 笼式镇压器　3. 凹面圆盘

图4-10　SG系列浅松机

图4-11为以耙代替浅松铲的浅松机，该机通过拖拉机牵引的方式运输、作业，主要由提升液压缸、机架、牵引架及钉齿耙组成，结构简单，操作方便，该类机具通过配套不同形式的弹齿耙，实现对起伏程度不同的地表土地进行平整的作用。

图4-11　浅松机（以耙代替浅松铲）

4. 垂直耕作机

垂直耕作是一种对土壤进行垂直剪切而不引起土壤水平扰动的耕作方式。垂直耕作中主要使用的关键部件为圆盘刀和圆盘耙，圆盘刀在滚动碎土的同时切碎秸秆残茬，并将秸秆与土壤混合，促进秸秆的腐烂分解，使得种床有更均匀的容积密度和孔隙度，有利于种子的发芽及出苗。

在实际作业中，垂直耕作多采用"圆盘刀—圆盘耙""圆盘刀—深松铲—圆盘耙"（图4-12）等组合形式，以实现更好的土地耕整效果。

图4-12　垂直灭茬耙

（四）秸秆残茬管理机具

秸秆粉碎还田机（图4-13）的作用原理是将秸秆进行收集、粉碎、混合和散布，实现将秸秆还田的过程。秸秆粉碎还田机通过各种

图4-13　秸秆粉碎还田机

收集装置，如拖拉机挂接式收集器或自行驱动的收集车等，将田地上散落的秸秆收集起来，收集到的秸秆经过秸秆粉碎系统，包括切割刀片或锤片等设备，将秸秆切碎成适合还田的颗粒状物料，粉碎后的秸秆与其他有机肥料或土壤改良剂进行混合，再加入一些化肥或生物菌剂等，经过混合的秸秆颗粒通过散布装置，如散布器或喷洒器等，均匀地散布在田地表面或直接施入土壤中。

通过秸秆还田，增加土壤保水保肥能力，减少农药使用量，促进生态环境的改善。

（五）其他保护性耕作机具

除了以上保护性耕作机具外，还有很多其他的保护性耕作机具，如切割机、青贮机、反转犁等，同时各种保护性耕作机具还有不同的型号、不同工作原理，使得作用效果也有所差别，保护性耕作机具可以分为以下几类：残膜覆盖类、免耕类、秸秆处理类、土壤改良类、精准种植类、水资源管理类。

在考虑所需要使用的保护性耕作机具时，不仅要了解不同机具的作用效果，还要结合自己所要种植的作物类型、种植方式以及土壤情况等实际问题而定。

第二节　免耕、少耕、深松耕、施肥技术

免耕、少耕、深松耕和施肥技术是与传统耕作方式有所不同的农业管理方法。它们旨在减少耕作对土壤的干扰和损害，提高土壤质量，降低环境影响，并增加农作物产量。

一、免耕技术

（一）什么是免耕

免耕，就是在不翻地或尽可能减少翻地的情况下种植农作物的一种方法。传统的耕地过程会破坏土壤结构，产生一系列的影响，进而导致农作物的产量减少，但免耕技术直接在未翻耕的土地上进行种植，这样就可以将生产农作物过程中产生的无价值的副产物（一般

指残茬、秸秆、草木屑等）覆盖在土壤表面或将其他有机物添加进田中以保护土壤。

（二）典型免耕机械

图 4-14 是典型的免耕播种机，整机结构紧凑，可通过三点悬挂作业，其四连杆浮动仿形效果好，确保在平原、丘陵地使用均能均匀播种、深浅一致。驱动地轮同时具有限深功能，通轴连接，确保动力传递可靠性；深松部件凿式设计，铲尖双面可交替使用，使用寿命长，达到免耕要求，进一步满足保护性耕作要求。

1. 机架　2. 牵引装置　3. 深松铲　4. 肥箱　5. 种箱　6. 地轮　7. 镇压轮

图 4-14　牵引式免耕指夹精量施肥播种机

二、少耕技术

（一）什么是少耕

少耕技术是介于传统耕作和免耕之间的一种方法。它减少了耕作深度和次数，以更轻微的方式处理土壤，减少对土壤结构的破坏。少耕技术可能使用浅耕机或浅松机等较浅的耕作设备，在保持土壤结构的同时进行土壤耕整和种床整备。这种方法有助于保持土壤的通气性、蓄水保墒和提高有机质含量。

（二）少耕相较于免耕的优势

1. 灵活性

少耕技术可以根据具体情况进行调整和灵活应用。农民可以根据土壤类型、作物需求和农业实践来决定耕地翻动的次数和方式。这种灵活性使得少耕技术更适应不同环境和农业需求。

2. 适应性

少耕技术适用于各种类型的土壤和作物。不像免耕技术更适合于一些干旱或半干旱地区，少耕技术可以在更广泛的地区和不同的农业系统中使用。

3. 渐进性

少耕技术可以逐步过渡和采用。农民可以从传统的频繁耕作方式逐渐转向少耕技术，逐步减少耕地翻动的次数和强度。这样可以降低农民对新技术的风险承受能力和成本压力。

（三）少耕播种机具

ESPRO 播种机是多功能通用播种机，工作宽度范围为 3~8 米。它能够在犁地后播种、少耕播种或直接在残茬中播种，一次作业完成整地、施肥、播种等多方面工作需求（图 4-15）。

1. 耕整地装置　2. 气力输送装置

图 4-15　少耕联合整地播种机

三、深松耕技术

（一）什么是深松耕

土壤由不同层次的土壤组成，包括表层土壤、次表层土壤和深层土壤，表层土壤一般富含有机质和养分，而次表层和深层土壤往往较为贫瘠。若土壤被压得很紧实，根系就会很难穿过土壤吸收养分和水分。这时就需要用到深耕技术，通过使用特殊的耕作机械设备，将土壤从表层翻转至次表层或深层，使得富含有机质和养分的表层土壤与贫瘠的次表层土壤或深层土壤发生混合，土壤变得更松软，农作物根系就能更轻松地穿过土壤层，吸收到足够的养分和水分。在深耕过程中，改变了土壤的结构，使得土壤里的营养分布地更加均衡，土壤更加松散，从而让农作物有更稳定的营养供应以及保证了农作物根系生长和营养吸收的条件。深耕技术通常在需要满足特定农作物需求或改善土壤条件的情况下使用。

深松技术是只疏松土壤而不翻转土层的一种深耕技术，适用于经长期耕翻后形成犁底层，耕层薄不宜深翻的土地。深耕和深松都可以达到土壤松散和改良的效果，但深耕更侧重于土壤的整体深度翻动，将有营养的表层土壤与深层土壤混合，以满足农作物生长的需求。深松则着重于通过特殊设备进行土壤松散，在不进行或减少土壤翻动的情况下，提高土壤透气性和水分渗透性，为农作物根系提供更好的生长环境。

（二）深松耕的好处

1. 深松耕技术可以改善土壤结构

正常的耕作过程会导致次表层以下的土壤被压实和紧密化，使空气和水分难以渗透，根系无法顺利生长。而通过深松耕技术，可使土壤变松散，增加土壤孔隙和疏松度，有利于根系的扩展和吸收养分。这样一来，农作物的根系能够更好地侵入土壤深层，吸收更多的水分和营养，从而提高了生长速度和产量。

2. 深松耕技术有助于改善土壤的通气性

土壤通气性对于农作物的生长至关重要，因为农作物根系需要氧气来进行呼吸和代谢。但是，受到压实和紧密化的土壤会影响气体交换，导致根系缺氧和植物生长受限。通过深松耕技术，土壤可以被打开，增加氧气的供应，改善通气性，有利于农作物根系的呼吸和生长。

3. 深松耕技术还有助于提高土壤水分渗透能力

耕作过程中，由于土壤压实和排水不畅，水分往往难以渗透根系所在的深层土壤中，导致作物的水分供应不足。而通过深松耕技术，可以疏松土壤，增加水分渗透的通道，使水分能够更好地渗透到根系所在的深层土壤中。这样，作物的根系可以更好地获取水分，提高水分利用效率，降低灌溉需求，从而节约水资源。

四、施肥技术

（一）什么是施肥技术

施肥技术是保护性耕作中的重要方面之一。施肥技术是在种植过程中向土壤中添加肥料，以满足作物对养分的需求，而传统农业常使用化学肥料，过量使用化肥可能导致土壤和水源污染。相比过去，现代的施肥技术更加注重可持续性和环境保护，这些技术包括有机肥料的使用、精确施肥和利用覆盖的农作物来提供有机质和养分。

（二）保护性耕作中采用的施肥技术特点

施肥技术有助于改善土壤质量和提高田地的肥力。肥料中的养分可以弥补土壤中缺乏的养分，提高土壤的肥力，促进农作物生长。此外，有机肥料的使用可以增加土壤有机质的含量，改善土壤结构，增加土壤保水保肥能力。

（三）施肥方法

1. 基施法

基施法是将肥料直接施于土壤中，与农作物的根系一起生长和吸收养分。这种方法包括底肥施用和穴施等，适用于大部分农作物。目前比较先进的技术就是分层施肥技术，在不同深度施不同肥料，以应对作物在不同生长周期所需要不同营养元素，从而环保、产量两手抓。如油菜播种时肥料用量减少 10%~20% 条件下，肥料分两层或三层施用时，根系表面积、体积、根干质量及地上部分质量与分层不减肥处理无显著差异。油菜机械直播分层深施肥（图 4-16）在显著增加油菜产量的同时，能有效改善根系构型并适当提高油菜的抗倒伏性能，是实现油菜高产高效的轻简化机械种植方式。

2. 叶面喷施法（图 4-17）

叶面喷施是将肥料溶液喷洒在作物的叶片上，通过叶片吸收养分。这种方法可以迅速补充作物所需的养分，提高养分利用率，常用于喷施微量元素。

前侧肥箱　　　　　　后侧肥箱

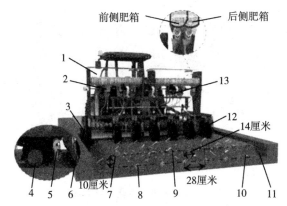

1. 肥箱　2. 外槽轮排肥器　3. 开畦沟犁组　4. 旋耕装置　5. 深施肥铲
6. 平土托板　7. 浅层肥料　8. 深层肥料　9. 油菜种子　10. 水稻秸秆
11. 畦沟　12. 双圆盘开沟器　13. 正负气压组合式精量排种器

图4-16　分层混施油菜播种机

图4-17　无人机叶面喷洒农药

3. 水溶肥施法

水溶肥施法是将肥料溶解在灌溉水中，通过灌溉系统进行施肥。这种方法适用于大面积农田的肥料施用，可以实现均匀施肥（图4-18）。

此外，施肥技术还需要考虑施肥时机和施肥量的合理控制。施肥时机应根据作物的生长阶段和气候条件合理选择。施肥量则需要根据土壤养分含量、作物品种及需求等因素进行科学测定，避免过多或过少施肥，以充分满足农作物的需求。

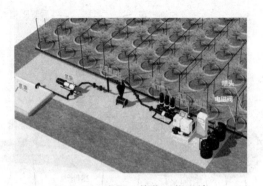

图4-18　水肥一体化工作系统

第三节　秸秆还田技术

一、秸秆还田技术的原理

秸秆还田技术是把不宜直接作饲料的秸秆直接或堆积腐熟后施入土壤的一种方法。将秸秆覆盖在田地表面，保护土壤、减少水分流失和土壤侵蚀。同时，秸秆中的有机物质能够分解成有机质，提供养分供应，改善土壤结构和保水能力。此外，秸秆还田也能促进土壤生物活动，减少农药使用，实现农业可持续发展。

二、秸秆还田技术的实施方法

（一）实施环节

1. 秸秆收集与储存

在农作物收割后，及时收集剩余的秸秆，避免长时间暴露在空气中引起质量损失。将秸秆堆放在干燥通风的场地上，避免过度湿润和潮湿，防止霉变和发酵。

2. 秸秆处理

可选择将秸秆进行粉碎处理，使其更易分解和混入土壤中。还可以通过腐熟处理，将秸秆与堆肥混合，提高有机质含量，促进微生物分解。

3. 秸秆还田的时间与数量控制

最佳的还田时间是在农作物收获后尽快进行，以确保有机质顺利转化为土壤肥料。针对不同作物和土壤类型，调整秸秆的还田数量。一般来说，每亩土地可还田 4~6 吨秸秆。

4. 秸秆还田的覆盖与埋入方式

可采用覆盖方式，将秸秆均匀地覆盖在土壤表面，保持均匀分布。也可以采用埋入方式，将秸秆埋入土壤中，深度一般在 10~15 厘米。

（二）注意事项

在实施秸秆还田技术时，要结合当地的土壤类型、气候条件和农作物种植习惯，因地制宜地调整措施。

对于某些秸秆含有较高的硅酸盐或化学成分的作物（如水稻秸秆），应先经过处理再还田，以免对土壤产生不良影响。

应合理掌握秸秆还田的量，避免过多秸秆导致土壤肥力失衡或土壤通透性下降。

需要定期检查土壤的情况，根据需要进行适时的调整和管理。

第五章

水稻机械化育插秧技术

　　随着我国经济的快速发展，农业机械化、规模化和标准化生产将是未来农业发展的必然趋势。水稻是我国的重要粮食作物之一，水稻全程机械化种植对我国农业现代化的发展具有积极的推动作用。水稻机械化育插秧技术是水稻机械化种植的主要发展方向，具有灾害抵御能力强、除草剂使用少、稻谷品质好等优势，能够实现水稻稳产增产。

第一节　水稻机械化育秧技术

一、水稻机械化育秧设备

　　水稻机械化育秧设备包括种子清选机、催芽机、碎土筛土机、拌和机、播种机（播种流水线）、蒸汽出芽室、秧盘和秧架、温室、增温设备、淋水设备等，各地可根据育秧形式选择不同的机具设备。

（一）水稻育秧播种机（播种流水线）

　　育秧播种机（图5-1）可以大大提高农业生产效率，减少劳动力投入，实现了均匀播种。在播种后进行施肥和覆土，控制种子的播种深度，以保证种子放到正确的放置。

　　育秧播种机集放盘、铺土、刮平、镇压、喷水、播种、覆土、再刮平等几大功能于一体，在整个过程中播种覆土一次性完成，只需5~6个人即可操作，每小时可播种500盘以上，而且适用种子范围广。

　　用育秧播种机播种，需提前备好备足营养土。

图5-1　水稻育秧播种机（播种流水线）

（二）育秧秧盘

目前，常用的工厂化育秧秧盘有硬盘和软盘两种。

1. 硬盘

水稻育秧硬盘为PP、PE材质，原料按一定的工艺程序后，由注塑机一次性注塑成型。规格分为9寸[*]盘［内尺寸580毫米×280毫米×（28～30）毫米］、7寸盘［内尺寸580毫米×230毫米×28毫米］。硬盘的颜色可根据用户需求确定。

2. 软盘

水稻育秧软盘材质为PET、PVC，原料经一定的工艺程序后通过片材机一次成型，规格分为9寸盘［内尺寸580毫米×280毫米×（28～30）毫米］、7寸盘［内尺寸580毫米×230毫米×28毫米］（图5-2）。

二、水稻机械化育秧种子处理技术

水稻种子处理技术是培育健壮秧苗的关键技术，直接关系水稻育秧的出芽质量和产量，也是控制水稻种子携带的多种传染病虫害的最

---

[*]　1寸≈3.33厘米。

图 5-2　水稻育秧软盘

佳途径。水稻种子处理包括晒种、选种、浸种、催芽等过程。

（一）晒种

晒种对于提高种子的发芽率和出芽质量有着很重要的作用。一是晒种可以增加种子外壳的透气性，激活种子的活力；二是晒种可以排出种子储存期间产生的二氧化碳；三是利用太阳光中的紫外线对种子进行杀菌消毒；四是可以消除种子间含水量的差异，使种子干燥程度相当，在浸种时吸水速度能保持一致，从而使种子发芽整齐。

晒种时对种子要做到薄摊勤翻，保证日照均匀一致，但要注意防止晒伤种子，翻动时要防止弄破谷壳，更要防止几个品种同时翻晒造成的混杂。

（二）选种

选种是为了除去秕籽和杂质，缩小种子间的品质差异，使种子纯净饱满、大小均匀，萌发整齐，幼苗健壮，为齐苗全苗壮苗打好基础。一般有风选、筛选和比重选 3 种方法。

（三）浸种

浸种的主要目的是让种子吸收到足够的水分。

水稻的病虫害有些是由种子带菌或带虫传播的。浸种消毒是防治水稻病虫害的重要措施之一，通过浸种消毒能有地效杀死黏附在水稻种子体表的大多数病菌。

但是，不建议在浸种的时候放入过多的其他物质，尽量只选用有专门针对性的水稻病害消毒剂，在杀菌剂的使用上尤其要注意有针对性，根据所在地区的水稻发病规律对症用药。

（四）催芽

催芽一般遵循高温破胸、适温催芽、低温晾芽的过程。

1. 沥水

将浸好的水稻种子捞出，用清水冲洗干净，再沥去多余的水分。

2. 催芽

将沥水后的种子放进催芽箱或催芽机中，保持适宜的温度和湿度进行催芽。

3. 温度控制

催芽温度一般控制在 30～32℃，最高不超过 35℃。要经常翻动种子，使种子能均匀受热。催芽时的温度是出芽好坏的关键环节。

4. 湿度控制

催芽期间要保持湿度适宜，防止种子失水，要求种子表面保持湿润状态。

5. 催芽时间

催芽时间视种子情况而定，一般在 48～72 小时，当种子露白率达到80%左右时，即可结束催芽。

6. 晾种

将催好芽的种子移至通风阴凉处晾干，以增强种子的生命力，提高移植后的成活率。催芽后的处理也是不可忽视的环节，晾干和播种都需要严格掌握时间和方法，根据气候和土壤情况，确定适宜的播种量和播种时间，以确保水稻的正常生长和发育。

三、水稻机械化育秧苗床土处理技术

（一）营养土

营养土是随着水稻生产技术的发展完善，按照水稻苗期生长规律和营养需求特点配制的专用土，能保证秧苗在生长期间从土壤中充分且持续地吸取所需要的营养，对培育壮秧有十分重要的作用。

土壤的肥沃程度对水稻育苗非常重要。水稻营养土的配制，要取用肥沃的表层土，不要取生土和贫瘠薄土。培育壮秧是水稻高产的基础，而营养土是培育壮秧的基础。

在取土时，一般要求土壤结构好、有机质含量高、养分全，无草籽、无病虫害。以园田、菜田、旱田土最好，水田的表层土也可以。取旱田土时要注意了解上年是否用过长残效期的化学除草剂，以避免产生药害。

对取用的基土，要进行粉碎和筛选。

水稻营养土的配制时，选择好的土壤是一个重要因素，另一个重要的因素是添加壮秧剂，这样才能配制出好的营养土。在土壤中拌入壮秧剂时，应先按比例先配制母土，再进行多次混合拌匀。有条件的也可以用搅拌机（罐）一次拌匀。

水稻营养土的配制时，应该先了解数量需要。一般每亩田需 20 盘左右，每盘大约需要 2.5 千克营养土。在配制时应备足基土，只可多，不可少。

（二）苗床

水稻苗床是水稻秧盘育秧的重要组成部分，要求床土松散、养分充足、呈酸性。

春季在苗床土壤化冻后，耙碎土壤，整平床面，床土要达到细碎、平实、土质疏松的标准，这样有利于秧苗的部分根系通过育秧盘孔，扎入床土吸收养分和水分。

对于地势比较低洼的育苗苗床，苗床席间要增挖深排水沟，有利于排渍降水，保证土壤呈旱育状态。

通常情况下，育秧面积与大田面积比为 1：80 左右，即育 1 亩秧苗，可供 80 亩大田插秧。

第二节 水稻机械化插秧技术

一、水稻插秧机

水稻插秧机是将秧苗栽植入田地中的一种农业机械。通过对秧块进行均匀抓取，实现分秧与栽植，达到行距株距固定、栽植深度固定的定苗栽插目的。

（一）水稻插秧机的种类

水稻插秧机根据驱动行走形式分为步行式和乘坐式两大类。其中步行式又分为手扶自动式插秧机和手扶拖拉机配套插秧机；乘坐式又分为独轮驱动行走乘坐式插秧机和四轮乘坐式插秧机（图5-3）。

水稻插秧机按照作业速度分为普通插秧机和高速插秧机。

目前，水稻大面积种植进行机械化插秧时，大多数选用乘坐式高速插秧机：采用四轮行走方式，前后轮一般为粗轮毂橡胶轮胎，采用

图5-3 四轮六行乘坐式插秧机

旋转式强制插秧机构进行插秧，插秧频率比较快，作业效率比较高。市场上常见的乘坐式高速插秧机，插秧行数有4行、6行和8行，配套动力有汽油发动机和柴油发动机两种，作业效率每小时5亩左右。

（二）水稻插秧机的工作原理

水稻插秧机在进行秧苗栽植时，送秧机构将秧苗送至秧门，分插秧机构将秧门范围内的秧苗取出并栽植入田中的泥土。为了保证秧苗与地面的角度为直角，分插秧机构的机械前端抓爪移动时一般采取椭

圆形的动作曲线。发动机输出动力到旋转式或变形齿轮的行星机构，带动这些动作机械完成栽植过程。

二、水稻机插秧技术

机械化插秧一般采用中小苗移栽，对田地耕整和基肥施撒的质量要求比较高。大田耕整地质量的好坏直接关系插秧机的作业效果和质量。

1. 提高耕整田质量，并施足底肥

最适合机械化插秧的整田要求达到田平、水浅。整田之前应提前排干积水，晾晒一段时间后再灌水泡田。整体采用灭茬、旋耕等一体化机耕作业时，应尽量浅耕，使田块达到地表平整。在整田的同时要施足底肥，施肥时应根据土壤的肥力等因素状况，结合耕整地作业过程，施用适量有机肥或者速效化学肥料作基肥，要实行优化配方施肥。底肥的使用量和方法与常规栽插一致。

整好田后，水面控制在 3 厘米以内，自然沉实 1~2 天，泥土上细下粗，上软下实，田块表面为泥浆或少量积水时，是进行机插秧的最佳时机。但自然沉实的时间也不宜过长，自然沉实的时间过长，下层土壤过于沉实，在进行机插秧时，会对秧苗的根系产生大的损伤，从而影响秧苗的生长发育。因此，在进行机械化插秧时，农机手在进行耕整田块时应该统筹考虑各田块的移栽时间，适时整好田块等待进行机插秧作业。

自然沉实和少量积水，是为了更好地保证机插秧时，秧苗能顺利栽植入土并保持直立姿势。自然沉实不足和积水过深时，秧苗在被插秧机栽植入土时，受水的浮力和插秧机行进中产生的水浪的影响，极易发生飘浮，从而影响机插秧的作业效果和质量。

机插秧完成后，如果气候适宜，可等秧苗根系发育 1~2 天，再往大田中注水。

2. 机插秧作业前应该做好插秧机的调试，以提高栽插质量

对插秧机进行检修、调试，确保插秧机械技术状况良好。农机手必须按照机插秧技术要求规范插秧操作程序，提高栽插质量。在进行

插秧作业时应做到：不丢边、不重插、不漏插，并尽量减少人为因素和插秧机对秧苗的损伤。

在运输时秧苗时，硬盘一般不叠放，卷苗运输时，叠放最多不超过三层，切勿因堆叠过多加大了底层压力，使秧块变形或秧苗折断。秧苗卷苗运至田头时应随即卸下平放，使秧苗自然舒展。秧苗最好做到随起随运随插，并要严防烈日晒伤秧苗，防止秧苗失水枯萎。

第六章

大豆玉米带状复合种植技术

　　大豆玉米带状复合种植已试点多年。截至 2022 年，全国种植面积已超过 1 500 万亩，这种种植模式和种植技术已经基本成熟，是2022 年的中央一号文件中明确提出的国家重点示范推广的稳粮扩油项目，也是我国大面积推广玉米大豆带状复合种植的第一年。《2023年全国大豆玉米带状复合种植技术方案》明确提出，农业农村部在17 个省（自治区、直辖市）继续开展大豆玉米带状复合种植技术示范，稳定西北地区技术实施规模，扩大西南、黄淮海和长江中下游地区推广面积，进一步提高技术到位率，切实发挥技术稳玉米增大豆的作用。

　　大豆玉米带状复合种植技术，是在传统间作基础上创新发展而来的绿色高效种植技术。该技术主要是玉米和大豆以间隔带状方式种植，大豆玉米带状复合模式通过缩小玉米植株之间的距离，增加相应的播种密度，如图 6-1 所示，利用玉米边行光照、通风及土壤条件的优势实现单产增加，以达到稳定玉米的亩产水平，玉米让出来的面积供大豆种植，实现大豆增产。

　　该技术以"选配品种、扩间增光、缩株保密"为核心，以"合理施肥、化控抗倒、绿色防控"为配套，充分利用玉米的边行优势，扩大大豆的受光空间，

图 6-1　带状复合种植示意图

在同一块土地上大豆玉米和谐共生、一季双收，实现稳玉米、增大豆的生产目标。

大豆玉米带状复合种植技术能够活化土壤、提升地力，在当前和今后一个时期，是破解耕地资源制约，推动玉米大豆兼容发展、协调发展、相向发展的主要途径，在提高我国大豆综合产能和有效供给，保障国家粮食安全方面意义重大。

大豆玉米带状复合种植技术，主要包括选配品种、确定模式、机械播种、科学施肥、化学调控、病虫防控、杂草防除和机械化收获 8 个方面。

大豆玉米带状复合种植全程机械化技术基本原则是"坚持因地制宜、优选高产模式，坚持统筹兼顾、做好生产规划，坚持造改结合、优化机具配套，坚持规范生产、提高作业精度"。主要是通过机械化精量播种、机械化田间综合管理、机械化减损收获等关键技术配套，降低劳动强度，提高作业效率，实现高产高效。大豆玉米带状复合种植全程机械化技术路线图如 6-2 所示。

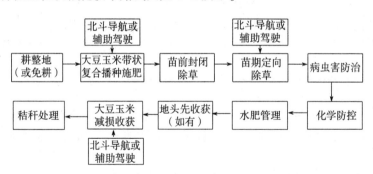

图6-2　大豆玉米带状复合种植全程机械化技术路线

科学配置行比既是实现玉米不减产或少减产、亩多收 100 千克以上大豆的根本保障，同时也是实现农机农艺融合、平衡产量和效益的必然要求。目前，我国不同区域大豆玉米带状复合种植模式略有差异，种植区域根据气候及土地特点分为西南地区套作模式、西南地区间作模式、西北地区间作模式和黄淮海地区间作模式。详情见表6-1。

表6-1　大豆玉米带状种植区域对比

区域及模式	地区	种植特点	播种期	收获期	备注
黄淮海地区间作	河北、山东、山西、河南、安徽、江苏等	冬小麦收获后，以接茬夏玉米夏大豆带状复合种植为主	6月中下旬大豆玉米播种	9月下旬、10月上旬大豆玉米同时收获	
西北、东北地区间作	甘肃、宁夏、陕西、新疆、内蒙古等	无霜期短，以一季春玉米为主	4月下旬、5月上旬大豆玉米播种	9月中旬大豆玉米同时收获	
西南地区套作	四川盆地、云南、贵州、广西等	气候类型复杂多样，玉米适种期长，春玉米和夏玉米播种面积各占一半左右	3月下旬和4月上旬玉米播种；6月上中旬大豆播种	7月下旬、8月上旬玉米收获；10月下旬、11月上旬大豆收获	春玉米与夏大豆
西南地区间作			4月中下旬大豆玉米播种	9月中下旬大豆玉米同时收获	春玉米可与春大豆；夏玉米可与夏大豆

　　间作和套种，虽然都是使用同一块地按照一定的行距、株距和占地大小按比例进行多样化种植，但二者却是两种不同的种植方法。

　　第一种是带状套作，是指共生时间小于全生育期的一半，一般是先播种玉米，在玉米花粒期前后播种大豆，这时玉米植株高，空气流动性差，阳光少，对大豆苗期影响大，等后期玉米成熟收获，大豆就能充分利用时间和空间生长。

　　第二种是带状间作，是指玉米大豆生长周期重合度高，在玉米拔节早期，大豆不受玉米影响，但后期玉米植株长高，对大豆影响大。带状套作与间作示意图如图6-3所示。

图6-3　带状套作与间作示意图

第一节　大豆玉米带状复合种植耕地整地技术

耕整地是大豆玉米带状复合种植能否实现增产增效的基础。播种前根据地区气候特点及土壤情况，选用适宜的耕作方式，可有效改善土壤结构、构建合理耕层，还有利于培肥地力、提升土壤蓄水保墒效果，切实提高播种质量，为增产增收提供基础。一般要以肥力适中、蓄水保墒能力好、土质疏松的地块为主。选地后种植人员还需完成精细化整地作业，待收获上茬农作物后，借助机械开展深翻整地作业，确保土壤上松下实、细碎均匀，为大豆和玉米营造优质的生长环境。

一、耕整地机械

我国的耕整地机械的普及较为广泛，在生产上基本实现了机械化作业，在耕整地方式上犁耕、旋耕、深松等多种形式并存。耕整地机械按先进程度可分为小型机械、中型机械和大型机械三类，可适应不同地区、不同地形的作业要求。

（一）铧式犁

铧式犁作为耕整地作业中常见的农业机械，犁组由拖拉机牵引作业，用来碎土、松土。犁体由犁铧、犁壁、犁侧板、犁托及犁柱等构成，铧式犁结构如图6-4所示。

耕作时主犁体能够切割、粉碎、翻转土壤，犁壁具有承重的作用，犁铲具有翻土、碎土和松土功能的作用，犁铧一般在主犁体的前部，通过垂直方向切割土壤来降低犁铲的作业难度，用来减少阻力，降低部件磨损。

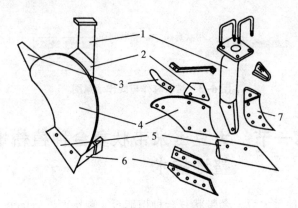

图 6-4 铧式犁结构简图

1. 犁柱　2. 滑草板　3. 延长板　4. 犁壁　5. 犁铧　6. 犁侧板　7. 犁托

铧式犁具有打破犁底层、恢复土壤耕层结构、提高土壤蓄水保墒能力、消灭部分杂草、减少病虫害、平整地表及提高农业机械化作业标准等作用。耕翻作业一般以三年一轮，新翻一次较为合理。

铧式犁耕幅随着铧体数量增加而增加，耕深一般在20~25厘米，挂接方式为三点式。

（二）旋耕机

旋耕机是与拖拉机配套完成耕、耙作业的耕耘机械。旋耕机一般分为卧式旋耕机和立式旋耕机。卧式旋耕机主要由主梁、悬挂架、齿轮箱、传动箱、平土托板、挡土罩、支撑杆、刀轴及旋耕刀等组成，典型卧式旋耕机如图6-5所示。

旋耕机利用高速旋转的刀片来切割和破碎土壤，具有碎土能力强、耕后地表平坦等特点，能够切碎埋在地表以下的根茬，在一次作业内达到细碎土壤、均匀土壤结构的目的，为后期播种提供良好种床，有利于春夏抢种。常用于未耕或已耕地上旋耕和整地作业，耕深通常为12~16厘米。

（三）深松机

深松机是一种需要与大马力拖拉机配套使用的耕作机械，深松机构造与铧式犁相似，主要由铲固定装置、机架、悬挂装置、铲柄、铲

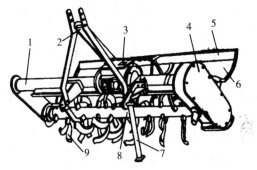

1. 主梁 2. 悬挂架 3. 齿轮箱 4. 侧边传动箱
5. 平土托板 6. 挡土罩 7. 支撑杆 8. 刀轴 9. 旋耕刀

图6-5 典型卧式旋耕机

尖、限深轮等组成，典型悬挂深松机如图6-6所示。

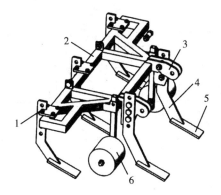

1. 铲固定装置 2. 机架 3. 悬挂装置 4. 铲柄 5. 铲尖 6. 限深轮

图6-6 典型悬挂深松机

深松机主要作用是破坏坚硬的犁底层，加深耕作层，改善土壤结构、增加透气透水性；深松与犁耕相比，只深层松土，而不翻土，能使耕作层肥力得到有效保持。深松机松土作业深度一般在25~40厘米。

二、保护性耕作技术

保护性耕作是指通过少耕、免耕技术及地表覆盖、合理种植等综合配套措施，从而减少农田土壤侵蚀，保护农田生态环境，并获得生态效益、经济效益协调发展的可持续农业技术。保护性耕作机具主要有免耕播种机、覆盖型深松机、秸秆粉碎还田机等，其中，耕整地机具常用秸秆粉碎还田机。

配套技术包括绿色覆盖种植、作物轮作、带状种植、多作种植、合理密植等。

秸秆还田机主要作用是将残留田间的秸秆根茬（玉米、高粱、小麦秸秆等）切割粉碎后铺撒地表或碎秸秆作为肥料回施到地里。一般使用卧式秸秆还田机，由万向节转动轴、变速箱、联轴器、刀片、限深轮等组成。典型卧式秸秆还田机如图6-7所示。

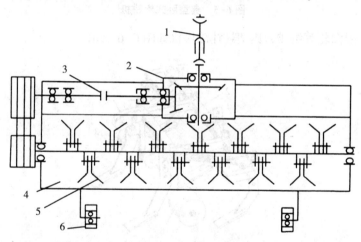

图6-7 典型卧式秸秆还田机

1. 万向节转动轴　2. 变速箱　3. 联轴器　4. 粉碎壳体　5. 刀片　6. 限深轮

作业时，高速转动的切刀、锤爪或甩刀切断秸秆，挑起根茬，并将之输入机壳，经定、动刀的反复剪切、搓擦、撕拉粉碎后，被均匀抛撒田间。

三、复合种植耕地整地技术要求

在实施大豆玉米带状复合种植技术时，因大豆、玉米同时播种，种床条件需要同时满足大豆、玉米要求。播种株行距要求严格，现有播种机排种器多以地轮驱动，为保证播种质量，要求机械化耕整地要求作业深度均匀一致，没有漏耕重耕的现象，作业要到边到头；作业后土壤细碎，表层松软，下层密实，田面平整。

西南地区油麦（小麦）茬和黄淮海麦茬后的大豆玉米带状间作，在前作收获后应及时抢墒播种玉米、大豆，为创造良好的土壤耕层、保墒护苗、节约农时，多采用麦（油）茬免耕直播方式。西北、东北地区地理气候独特，部分地区需覆膜种植，机械化耕整地要根据地区覆膜需求进行作业。

采用保护性耕作的地块，前作茬地收获机械无秸秆粉碎、均匀还田功能或功能不完善的，需要对地块进行相应的整理工作，整理后的标准为秸秆粉碎长度在 10 厘米以下，分布均匀，保证播种质量和大豆玉米的正常出苗。分类处理情况如表 6-2 所示。

表 6-2　保护性耕作茬地不同情况分类及解决办法

序号	耕地情况	解决办法
1	前作秸秆量大，全田覆盖达 3 厘米以上，留茬高度超过 15 厘米，秸秆长度超过 10 厘米	先用打捆机将秸秆打捆移出，再用灭茬机进行灭茬
2	秸秆还田量不大，留茬高度超过 15 厘米，秸秆呈不均匀分布	需用灭茬机进行灭茬
3	留茬高度低于 15 厘米，秸秆分布不均匀	需用机械或人工将秸秆抛撒均匀

第二节　大豆玉米带状复合种植机械化播种技术

播种是农业生产过程中极为重要的一环。必须根据农业技术要求适时播种，才能使农作物获得良好的生长发育条件，才能保证苗齐苗壮，为增产丰收打好基础。播种环节应该按照"以机适艺"的原则，优先选用复合种植专用播种机，以提高作业质量。播种前要根据资源禀赋、种植制度、肥水条件等因素，选择适宜的品种搭配，大豆应选用耐阴、耐密、抗倒、底荚高度在 10 厘米以上的品种，玉米应选用株型紧凑、适宜密植和机械化收获的高产品种，多熟制地区应注意与前后茬的合理搭配，以实现周年均衡优质高产。

在大豆和玉米播种过程中，首先要做好土壤墒情判定，土壤墒情差，要在第一时间开展灌溉工作，当地种植条件允许的话，可采用浸灌等方式。受气候环境的影响，各地种植时间存在差异，针对墒情较好的地块，可抢墒播种，确保玉米与大豆生长环境适宜。

一、种植模式

种植模式选择应综合考虑当地清种玉米大豆密度、整地情况、地形地貌、农机条件等因素，确定适宜的大豆带和玉米带的行数、带内行距、两个作物带间行距、株距。坚持以 4∶2 行比配置为主、其他行比配置为辅，大豆玉米间距 60~70 厘米，大豆行距 30 厘米，玉米行距 40 厘米，全国主要种植区域种植行比情况见表 6-3。

表 6-3 全国主要种植区域种植行比

区域及模式	地区	种植行比 （大豆∶玉米）	备注
黄淮海地区间作	河北、山东、山西、河南、安徽、江苏等	4∶2 6∶4 4∶4	
西北、东北地区间作	甘肃、宁夏、陕西、新疆、内蒙古等	4∶2 6∶4 3∶2	
西南地区	四川盆地、云南、贵州、广西等	3∶2 2∶2	套作
		3∶2 4∶2	间作

通过表 6-3 表明全国主要区域种植行比有所差异，但主要集中在 4 行大豆、2 行玉米，6 行大豆、4 行玉米，3 行大豆、2 行玉米和 4 行大豆、4 行玉米等。

（一）生产单元、带宽、间距、株距等概念

大豆玉米复合种植是由 2~4 行玉米带和 2~6 行大豆带相间复合种植而成。一个玉米带、一个大豆带构成一个带状复合种植体，为一个生产单元，种植区域由多个这样的生产单元组成。

玉米带宽指 2~4 行玉米带的宽度，大豆带宽指 2~6 行大豆带的宽度。

间距，指相邻带边行之间的距离，包括玉米带与大豆带间距（相邻玉米带与大豆带之间距离）、玉米带之间距离（相邻玉米带边行之间的距离）和大豆带之间距离（相邻大豆带边行之间的距离）3 种。

株距，指玉米行内株与株之间的距离或大豆行内株与株之间的距离。

生产单元、带宽、间距、株距示意图如图 6-8 所示。

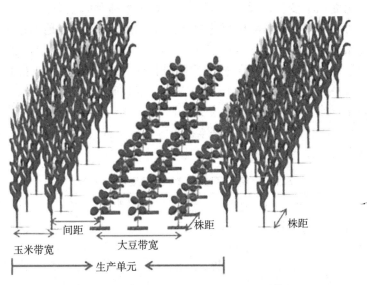

图 6-8 生产单元、带宽、间距、株距示意图

（二）不同模式参数配置

各地复合种植模式的选择要充分考虑当地播种和收获的农机农艺

要求，带状主要种植模式参数推荐配置如表6-4所示。

表6-4 带状主要种植模式参数推荐配置

种植模式 （大豆：玉米）	生产单元 （米）	大豆行距 （厘米）	玉米行距 （厘米）	大豆玉米间距 （厘米）	备注
4：2	2.5～2.9	30	40	70	
6：4	4.2～5	30	40～80	60～70	等距或宽窄行
3：2	2.2～2.6	30～40	40	60～70	
4：4	3.5～4.2	30～40	40～90	65～70	等距或宽窄行

各地种植模式虽有所不同，但播种深度基本一致，大豆播深3～4厘米、玉米播深4～5厘米。黏性土壤、土壤墒情好的，可适当浅播；沙性土壤、土壤墒情差的，可适当增加播深。

（三）适度密植

大豆玉米带状复合种植以稳玉米、增大豆、降成本为目标，要保证种植面积不变，多收一季大豆，大豆玉米播种时就要进行适度密植，种植密度直接影响株距的大小，玉米密度基本与当地净作相当，大豆密度根据不同情况保持在净作70%～100%。带状套作大豆玉米共生期短，大豆种植密度基本与净作相当；大豆玉米共生期超过2个月，大豆种植密度应为净作80%左右；带状间作共生期较长，大豆带为2行或3行时，大豆种植密度基本在净作70%左右；大豆带为4行或6行时，大豆种植密度基本在净作85%左右，不同种植密度与穴距示例见表6-5所示。

表6-5 不同区域4：2种植密度与株数对比

种植区域	大豆亩播 （粒）	保苗 （株）	大豆株距 （厘米）	玉米亩播 （粒）	保苗 （株）	玉米株距 （厘米）
黄淮海地区	8 000～9 500	6 500～7 500	10～12	4 500～5 000	4 000～4 500	9～11
西南地区	10 000	7 000	9～11	4 200	3 500～3 800	12～14
西北地区	10 000～12 500	8 000～10 000	10～12	3 800～4 300	3 500～3 800	12～14

注：黄淮海地区以河南为例，西南地区以四川为例，西北地区以甘肃为例。

二、播种作业

播种作业方式一般有两种：一是大豆玉米带状间作，大豆玉米同期播种，专用播种机可满足大豆玉米同时播种，并分别满足各自深度、株距和施肥，作业顺序如图 6-9 所示；二是大豆玉米带状套作，由单一大豆播种机和玉米播种机分别进行播种作业，作业路径应根据机具调整情况及种植模式规划。

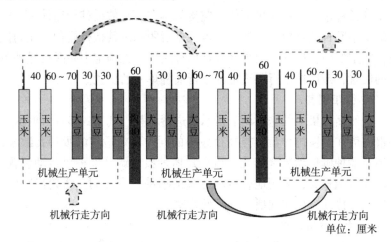

图 6-9　3∶2 模式专用播种机作业示意图

三、播种机具的使用

播种环节是大豆玉米带状复合种植的重要环节，要根据不同区域的种植模式，选择适宜的播种机具，相应的技术参数需达到当地大豆玉米带状复合种植的要求，播种机组行距、间距、株距、播种深度、施肥量等应调整到位，按照农机适配农艺的基本原则，播种机优先选择能一次性完成旋耕、大豆玉米播种、覆膜等功能的复合种植专用播种机。

（一）机具调整

1. 排种盘

通过更换排种器上的不同排种盘，可实现玉米、大豆等不同作物的播种。更换排种盘时，应先打开排种器壳体，使用专用工具拆卸种盘并更换，完成后将排种器壳体复位，并调整清种限位板位置和清种力度。

指夹式排种器主要用于玉米播种，用于播种大豆时，可将指夹式排种器更换为毛刷排种器，安装结构和空位应一致，并根据种子形状、粒度大小，校核指夹复位弹簧力度、调整清种毛刷位置。

2. 行距调整

各播种单元在播种机框架上应均匀排布。奇数播种行播种机，应先确定中间行播种单元的位置，再根据行距确定其他行播种单元的位置，固定好防止松动；偶数播种行播种机，应先确定中间两行播种单元的位置，最后根据行距确定其他行播种单元的位置。

3. 株距调整

按照播种机上的株距调节指示图进行调整，气力式播种机的株距调整一般在更换排种盘选择孔径大小的同时确定适宜的吸种孔数量，并调节播种机传动装置实现；指夹式播种机应调节播种机传动装置。传动装置调整时，采用地轮传动方式的播种机主要调整塔轮齿数比，通过改变传动速比实现播种株距的调整。

4. 清茬防堵调整

通过调节三点悬挂及机具自带限位，调整秸秆切割装置、破茬清垄机构的位置，应达到播种行秸秆少、清垄一致性好、无壅土及堵塞现象。

5. 播深调整

作物播深根据土质、墒情及作物种类合理选择，可通过播深轮上下位置或仿形限位轮手柄来调节。

6. 镇压力调整

覆土镇压力可通过镇压轮挡位调节实现。玉米镇压力稍大，一般在挡位Ⅱ或Ⅲ级镇压挡位；大豆镇压力稍小，一般在挡位Ⅰ级镇压挡位。

7. 气力式播种机风机压力调整

气力式播种机应按照播种机说明书中行数等条件，对风机压力进行调整。

（二）播种机的性能要求及性能指标

播种机的性能要求主要有农业技术要求和使用要求两类。

农业技术要求主要是保证作物的播种量，种子在田间分布均匀合理，保证行距、株距等要求，种子播在湿土层中用湿土覆盖，播深一致，种子损伤率低，施肥时要求肥料施于种子的下方或侧下方。

大豆玉米复合种植作为新技术对播种机的使用提出了更高的要求，主要包括大豆玉米不同行距同时播种、株距可调等。

播种机的播种质量常用如下性能指标来评价，如表6-6所示。

表6-6　播种质量主要评价指标

评价指标	内容含义
各行排量一致性	指大豆播种各行或玉米播种各行在相同条件下排种的一致性
排种均匀性	指从排种器排种口排出种子的均匀程度
播种均匀性	指播种时种子在种沟内分布的均匀程度
播深合格率	播深合格数占取样总播种数的百分比
种子破碎率	指从排种器排出种子过程中受机械损伤的种子量占排出种子量的百分比
穴粒数合格率	穴播时，合格穴数占取样总穴数的百分比
粒距合格率	合格粒距数占取样总粒距数的百分比

（三）不同地区播种机具的选择

黄淮海地区前茬秸秆覆盖地表，宜采用免耕播种形式，大豆排种单元前面增加了旋耕整地装置，保证大豆行间距30厘米时具有良好通过性，减少晾种和拥堵现象。西北地区较为干旱缺水，根据灌溉条件和铺膜要求，宜选用一体化精量覆膜播种机，一次性完成开沟、施肥、覆膜、点种、覆土、滴灌带铺设作业，如果不需要覆膜或者铺管，也可由黄淮海地区机具改进后使用。长江中下游地区，根据土壤情况，宜选用具有开沟起垄功能的播种机。西南地区，应选用具有密植分控和施肥功能的播种机。

西南、西北地区带状间作播种作业时推荐选用2BF-4、2BF-5（图6-10）或2BF-6型大豆玉米带状间作精量播种施肥机，其整机结构主要由机架、驱动装置、肥料箱、玉米株（穴）距调节装置、大豆株（穴）距调节装置、玉米播种单体和大豆播种单体组成。

以 2BF-5 型大豆玉米带状间作精量播种机为例，2BF-5 可设置玉米 ∶大豆行数为 2∶3，两边播种玉米，播幅为 180~200 厘米，中间播种大豆，播种行距为 30 厘米，大豆与玉米的行距为 60~70 厘米。对大豆和玉米设置了高、中、低 3 种播种密度。

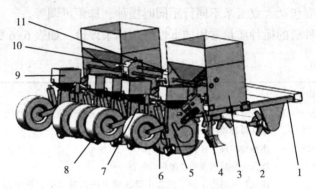

1. 机架　2. 灭茬装置　3. 肥料箱　4. 施肥开沟器　5. 玉米播种单体
6. 驱动地轮　7. 大豆播种单体　8. 镇压轮　9. 种子箱
10. 大豆粒距调节装置　11. 玉米粒距调节装置

图 6-10　2BF-5 型大豆玉米带状间作精量播种机

若选择改造播种机，技术参数应满足表 6-7 的要求。

表 6-7　大豆玉米带状间作播种施肥机技术参数推荐

类别	参数
结构	仿型单体结构
配套动力（千瓦）	＞38
大豆∶玉米（行）	2∶2、3∶2、4∶2
播幅（厘米）	160~200
带间距（厘米）	60
玉米行距（厘米）	40
大豆行距（厘米）	30
玉米株距（厘米）	10、12、14
大豆株距（厘米）	8、10、12

黄淮海地区带状间作同机播种施肥作业一般应具备土地微整、侧

深施肥、精量播种、覆土镇压等功能。技术参数应达到表 6-8 的要求。

表 6-8 　4∶2、6∶2 带状间作播种施肥机技术参数推荐

类别	参数
结构	仿型单体结构
配套动力（千瓦）	＞100
播幅（厘米）	200~240
带间距（厘米）	60~70
玉米行距（厘米）	40
大豆行距（厘米）	20~30
玉米株距（厘米）	8、10、12
大豆株距（厘米）	8、10、12

　　大豆玉米带状套作或间作单播，可在当地相应播种机具进行改造，技术应符合表 6-9。

表 6-9 　带状种植单一播种机具技术参数推荐

类别	参数（玉米播种机 2 行）	参数（大豆播种机 3 行）
结构	仿型单体结构	仿型单体结构
配套动力（千瓦）	≤20	≤30
播幅（厘米）	≤120	≤160
带间距（厘米）	60~70	—
玉米行距（厘米）	40	30
穴距（厘米）	10、12、14	8、10、12
镇压轮	实心轮	"V" 形空心轮

（四）试播与规范作业

　　正式播种前要选择有代表性的地块进行试播。试播作业行进长度以 30 米左右为宜，根据田块的条件确定适宜的播种速度，检查行距、粒距、播种深度、施肥量、施肥深度是否满足当地农艺要求，有无秸秆拥堵、播种和下肥料管堵塞等异常情况，并以此为依据进一步调整。

调整后再进行试播并测试，直至达到作业质量标准。试播过程中，应注意观察、倾听机器工作状况，发现异常及时解决。

关注作业状态，在播种作业过程中，应时刻关注作业和监控状态，对声光报警进行正确判断分析；应关注播种机各行单体、施肥开沟器夹草及拥堵情况，发现异常及时停止并排除风险后再正常作业。

第三节　大豆玉米带状复合种植机收减损技术

随着农业机械化的不断发展，机械化收割作业已经成为现代农业生产的重要环节，机械化收获作业的高效率和高质量，能够提高农业生产效益，减少人工劳动，缩短作业时间，降低劳动强度，提高农民生产的积极性。

机械化收获损失是指机收过程中由于机械设备的不完善或人员操作不当，导致农业作物产量减少的现象，机收损失降低了农业生产效益，减少了农民收入。机收减损技术是指通过选择适宜的收获设备或改造完善机收设备、提高机收人员操作水平等一系列的措施，减少机械化收获中产生的生产损失，提高机收作业效益和农民收入水平。收获环节兼用现有谷物联合收割机调整改造，实现"一机多用"，但应确保改造到位，满足复合种植作业质量要求。

一、大豆玉米带状复合种植机械化收获模式

大豆玉米带状复合种植的区域和模式不同，导致大豆玉米成熟时期各有差异，结合主要种植区域种植模式和成熟情况，大豆玉米带状复合种植收获主要有玉米先收大豆后收、大豆先收玉米后收和玉米大豆同时收3种模式。

玉米先收大豆后收主要适用于玉米成熟比大豆成熟早的种植区域，主要集中在西南地区带状套作模式和长江流域、华北地区带状间作模式。

大豆先收玉米后收主要适用于大豆成熟比玉米成熟早的种植区

域，主要集中在黄淮海地区、西北地区等。

大豆玉米同时收获适用于玉米和大豆成熟期一致的区域，主要在西北、黄淮海等地的间作区。大豆玉米同时收获有两种形式：一是根据当地生产上常用的玉米和大豆收获机型，一前一后同时收获玉米和大豆；二是对青贮玉米和青贮大豆采用青贮收获机同时收获粉碎。

二、作物适宜收获期

（一）大豆适宜收获期

一般在黄熟期后至完熟期之间，95%豆荚和籽粒均呈现出原有品种的色泽，豆粒变硬归圆呈现品种的本色及固有形状，摇动植株有响声的植株占观察总株数的 50%以上，籽粒含水率下降到 15%~25%，茎秆含水率为 45%~55%，豆叶大半脱落，茎秆转黄但仍有韧性，而且豆荚与种粒间的白色薄膜已消失。大豆收获作业应该选择早、晚露水消退时间段进行，且应避开中午高温时段，减少收获炸荚损失；田间有青绿杂草应先清除田间青绿杂草，避免产生"泥花脸、草花脸"。

（二）玉米适宜收获期

玉米植株的中下部叶片变黄，基部叶片干枯，果穗变黄，苞叶干枯呈黄白色而松散，籽粒脱水变硬乳线消失，微干缩凹陷，籽粒基部（胚下端）出现黑帽层，并呈现出品种固有的色泽，此时玉米适宜收获。采取机械摘穗剥皮、晒场晾棒或整穗烘干的收获方式，玉米籽粒含水率一般为 25%~35%；采用籽粒直收方式，玉米籽粒含水率一般为 15%~25%。

三、适宜机型选择

（一）先收大豆后收玉米

大豆收获机机型应根据大豆带宽和相邻两玉米带之间的带宽选择，轮式或履带式均可，应做到不漏收大豆、不碾压或夹带玉米植株。大豆收获机割台幅宽一般应大于大豆带宽度 40 厘米（两侧各 20厘米）以上，整机外廓尺寸应小于相邻两玉米带宽 20 厘米（两侧各10厘米）以上。玉米收获时机型可选择性较大，可用 2 行玉米收获机或当地常规玉米收获机。

（二）先收玉米后收大豆

玉米收获机机型应根据玉米带的行数、行距和相邻两大豆带之间的宽度选择，轮式或履带式均可，应做到不碾压或损伤大豆植株，以免造成炸荚，增加损失。常见种植模式收获机械整机幅宽如表6-10所示；也可选用高地隙跨带玉米收获机，先收2带4行玉米。大豆收获时，机型选择范围较大，可选用幅宽与大豆带宽相匹配的大豆收获机，幅宽应大于大豆带宽40厘米以上，或当地常规大豆收获机减幅作业。

表6-10　大豆收获机整机和幅宽设置

收获模式	种植模式 （大豆：玉米）	幅宽（米）	整机宽度（米）
先收大豆后收玉米	3：2	1≤幅宽<1.7	整机<1.8
	4：2	1.3≤幅宽<2	整机<2.2
先收玉米后收大豆	4：2 3：2	外侧间距<1.5	整机<1.6

四、大豆玉米同时收获

1. 大豆玉米分步同时收获

作业时，对于先收大豆或先收玉米没有特殊要求，主要取决于地块两侧种植的作物类别，一般分别选用大豆收获机和玉米收获机轮流收获大豆和玉米，依次作业，因作业时一侧作物已经收获，对机型外廓尺寸、轮距等要求降低，可根据大豆种植幅宽和玉米行数选用幅宽匹配的机型，也可选用常规收获机减幅作业。

2. 大豆玉米青贮收获

收获青贮要选用耐阴不倒、底荚高度大于15厘米、植株较高的大豆品种，收获机应选用既能收获高秆作物又能收获矮秆作物的青贮收获机，以免漏收近地大豆荚，割幅宽度在1.8米及其以上。

五、机收作业质量标准

大豆玉米复合种植机收作业质量标准如表6-11所示。

表 6-11 大豆玉米复合种植机收作业质量标准

质量标准	质量指标（玉米）	
	果穗收获	籽粒收获
总损失率	≤3.5%	≤4%
籽粒破碎率	≤0.8%	≤5%
苞叶剥净率	≥85%	—
含杂率	≤1%	≤2.5%
质量标准	质量指标（大豆）	
割台高度	4~8 厘米	
损失率	≤5%	
含杂率	≤3%	
破损率	≤5%	
茎秆切碎长度合格率	≥85%	

六、减损作业技术要点

（一）科学规划作业路线

大豆玉米带状复合种植播种时期要充分考虑地域特点，地头种植应选择先熟作物。大豆、玉米同期收获地块，应先收地头作物，方便机具转弯调头，实现往复转行收获，减少空载行驶；如果地头未种植先熟作物，作业时转弯调头应尽量借用田间道路或已收获完的周边地块，然后再分别选用大豆收获机和玉米收获机依次作业。

（二）作业前机具调整试收

作业前，应依据产品使用说明书对机具进行一次全面检查与保养，确保机具技术状态良好；应根据作物种植密度、模式及田块地表状态等作业条件对收获机作业参数进行调整，并进行试收，试收作业距离以 30~50 米为宜。试收后，应检查先收作业是否存在碾压、夹带两侧作物现象，有无漏割、堵塞、跑漏等异常情况，对照作业质量标准检测损失率、破碎率、含杂率等。如不理想，应再次对收获机进行适当调整和试收检验，直至作业质量优于标准。

（三）作业速度适宜

作业速度应根据种植模式、收获机匹配程度确定。如选用常规大型收获机减幅作业，应注意通过作业速度实时控制喂入量，使机器在额定负荷下工作，避免作业喂入量过小降低机具性能。大豆收获时，如大豆带田间杂草太多，应降低作业速度，减少喂入量，防止出现堵塞或含杂率过高等情况。

对于大豆先收方式，大豆收获作业速度应低于传统净作，一般控制在3~6千米/时，可选用Ⅱ挡，发动机转速保持在额定转速，不能低转速下作业。若播种和收获环节均采用北斗导航或辅助驾驶系统，收获作业速度可提高至4~8千米/时。玉米收获时，两侧大豆已收获完，可按正常作业速度行驶。

对于玉米先收方式，受两侧大豆植株以及玉米种植密度高的影响，玉米收获作业速度应低于传统净作，一般控制在3~5千米/时。如采用行距大于55厘米的玉米收获机，或种植行距宽窄不一、地形起伏不定、早晚及雨后作物湿度大时，应降低作业速度，避免损失率增大。大豆收获时，两侧玉米已收获完，可按正常作业速度行驶。

（四）驾驶操作规范

大豆收获时，控制好大豆收获机割台高度，尽量放低割台，避免漏收低节位豆荚。作业时，应将大豆带保持在幅宽中间位置，并直线行驶，避免漏收大豆或碾压、夹带玉米植株。应及时停车观察粮仓中大豆清洁度和尾筛排出秸秆夹带损失率，并适时调整风机风量。

玉米收获时，应严格对行收获，保证割道与玉米带平行，且收获机轮胎（履带）要在大豆带和玉米带间空隙的中间，避免碾压两侧大豆。作业时，应将割台降落到合适位置，使摘穗板或摘穗辊前部位于玉米结穗位下部30~50厘米处，并注意观察摘穗机构、剥皮机构等是否有堵塞情况。玉米先收时，应确保玉米秸秆不抛撒在大豆带，提高大豆收获机通过性和作业清洁度。

（五）适当处理倒伏情况

复合种植倒伏地块收获时，应根据作物成熟期以及倒伏方向，规划好收获顺序和作业路线。收获机调整改造和作业注意事项可参照传统净作方式，另外为避免收获时倒伏带来的混杂，可加装分禾装置。

先收大豆时，可提前将倒伏在大豆带的玉米植株扶正或者移出大豆带，方便大豆收获作业，避免碾压玉米果穗造成损失，或混收玉米增大含杂率。

先收玉米时，如大豆和玉米倒伏方向一致，应选用调整改造后的玉米收获机对行逆收作业或对行侧收作业；如果大豆和玉米倒伏方向没有规律，可提前将倒伏在玉米带的大豆植株扶正或者移出玉米带，方便玉米收获作业，避免玉米收获机碾压倒伏大豆。

分步同时收获时，如大豆和玉米倒伏方向一致，一般先收倒伏玉米，玉米收获后，倒伏在大豆带内的玉米植株减少，将剩余倒伏在大豆带的玉米植株扶正或者移出大豆带后，再开展大豆收获作业；如果大豆和玉米倒伏方向没有规律，可提前将倒伏在玉米带的大豆植株扶正或者移出玉米带，先收大豆再收玉米。

第七章

油菜机械化种植技术

　　油菜在我国分布区域广、播种面积大，是我国重要的油料作物之一，也是我国的优势油料作物。油菜机械化种植是指通过相应的农机具来完成油菜种植各个环节的作业，能够实现精准种植和标准化生产，可以极大地提高生产效率，降低人工成本。

　　油菜机械化种植需要使用相应的农业机械，如毯状苗移栽机、播种机、直播机等。在种植过程中还需要注意机械作业的规范性和安全性，以确保生产质量和作业效率。

第一节　油菜机械化育苗技术

　　在油菜机械化种植中，一般会使用毯状苗移栽技术。毯状苗移栽技术是指先将油菜种子培育成草毯状秧苗，然后通过移栽机将其移栽到大田的技术，即在短时间内培育出大量的油菜秧苗，并通过机械移栽完成油菜种植的方法，具有提高油菜幼苗的成活率、促进生长、提高产量等优点，是油菜机械化种植解决茬口矛盾，"用空间换时间"，扩大南方冬闲田油菜种植的一项重要技术。

一、床土准备

　　在播种前，选择土壤肥沃、排水良好、有机质含量高的土壤，施入适量的有机肥或复合肥，或使用调制好的基质，为油菜幼苗生长发育提供充足的养分。如采用田块土壤配制，应选取来源于前茬非十字花科作物田块，每升床土中拌入纯氮 0.3~0.8 克，磷肥和钾肥各 0.2~0.5 克，硼砂 0.02~0.04 克，经腐熟的有机肥 5~25 克。将浓度为 50% 的多菌灵配成 1 000 倍液，按 100 千克营养土加 5~6 克溶液的用量喷洒，喷后将其拌匀，用膜密封 2~3 天，杀死土壤中的病菌。

二、种子准备

根据不同地区的气候、土壤、种植制度以及病虫害发生规律等情况，选用适宜机械化收获的矮秆、株形紧凑、二次分枝较少、结角相对集中、成熟期基本一致、角果相对不易炸裂、生育期适合当地种植的双低优质、高产油菜品种，以便后续的移栽和生产。按农艺要求，在播种前 2~3 天提前晒种，杀灭种子表面病菌，提高种子活力。使用种子包衣或药剂拌种技术，在播种前可用 5% 烯效唑、噻虫胺、富万钾等药剂拌种，或用 40% 多菌灵·福美双可湿性粉剂 500~1 000 倍液浸种，或用"种卫士"等包衣处理种子，防控油菜根腐病、霜霉病和菜青虫、蚜虫等苗期病虫害，提高油菜成苗的质量和抗逆性。

三、播种机的选择

根据油菜品种、育苗田地以及移栽机的情况，选择适宜的播种机具。一般而言，油菜机械化育苗应选择集铺土、洒水、精量播种、覆土于一体的全自动油菜育苗播种机。有条件的情况下，可同时配置上盘机、叠盘机、上土机等机具，以减少播种环节的劳动量，提高生产效率（图 7-1）。

四、油菜机械化育苗播种技术

油菜机械化育苗播种技术包括选择适宜的播种期、播种作业、叠盘、摆盘、补墒覆盖、揭盖控水、施肥、间苗与炼苗等多个环节。

（一）选择适宜的播种期

根据适宜机插的苗龄，参照当地常规栽插时间倒推适宜播种期。一般而言，油菜机械化育苗的播种时间应比传统育苗方式提前 10~15 天。

油菜毯状育苗播种机

全自动上土机

图7-1 油菜毯状育苗播种机与全自动上土机

（二）播种作业

采用与播种机配套的育苗秧盘，一般为28厘米×58厘米规格的秧盘。应保证播种机在稳定的功率下工作，秧盘底铺麻地膜，播种效率一般可以达到400~500盘/时。同时，应注意在播种过程中，根据品种和农艺要求，调整确定适宜的播种量，合适的铺、覆土厚度和株距，促进油菜的壮苗高产。

（三）叠盘

使用全自动叠盘机将播种后的秧盘叠放，由人工转移到托盘上，层层叠放在一起，叠放层数以40~80层为宜。堆满一个托盘后，再由叉车统一转移至存放区域。存放区域要注意控制温湿度情况，以便于种子在适宜的温湿度条件下萌发。

（四）摆盘

叠盘一段时间后，要及时摆盘放置，以保证油菜苗获得出苗生长所需的阳光及水分。摆盘的合适时间一般为：在正常育苗季节，叠盘后36~48小时。当看到秧盘内有1/3左右的籽粒露黄时，即可以将秧盘摆到育苗场地。

（五）补墒覆盖

摆盘后要对缺水的秧盘及时进行浇水，然后覆盖，以保持土壤湿度和温度适宜，促进种子发芽和幼苗生长。一般可选用稻草、秸秆或30~50克/米^{2}的白色无纺布等材料覆盖。

（六）揭盖控水

摆盘后 36~48 小时，当幼苗子叶完全展平且变绿时，可揭去无纺布等覆盖材料。接下来，要注意控制水分供应，促进根系下扎，以边角部位不发生萎蔫为度。如缺水时可少量补充水分。2 叶期之前如遇大雨，要适当遮盖。

（七）施肥

在幼苗生长过程中，应根据幼苗生长和土壤肥力状况，适时追肥，以提供足够的养分。一般可间隔 2~3 天用营养液浇水一次。出苗期、1 叶 1 心期和 2 叶 1 心期可分别施尿素 1 克/盘，移栽前可再施一次。施用时可将尿素溶于水中进行喷施。注意使用尿素量，防止烧苗。

（八）间苗与炼苗

一般可在 3 叶期间苗，5 叶期定苗，或在 3~4 叶期进行一次性间苗、定苗。间苗时要做到去弱留壮、去小留大、去劣留纯、去病留健。另外，在间苗的同时应拔除苗床杂草，以防草荒。炼苗一般可于栽前 10 天左右进行，在晴朗的天气下停水停肥，促毛根多生，植株壮实，以增强幼苗的适应性和抗逆性，使栽后缓苗快，叶片不萎蔫。

第二节　油菜机械化移栽技术

一、田块整理

（一）耕整地

在收获水稻等前茬作物时应选用带秸秆粉碎装置的联合收获机，留茬高度应≤40 厘米。秸秆切碎后均匀抛撒，避免秸秆堆积。耕整地可采用两种方式：一是使用秸秆粉碎还田机、旋耕机和开沟机进行耕整地。油菜移栽前，先用秸秆粉碎还田机将田块中剩余的水稻秸秆等粉碎，再用带有翻转埋茬功能的旋耕机完成埋茬整地，最后用开沟机，形成 1.8 米左右宽的平整畦面。二是采用集秸秆粉碎、旋耕埋茬、开沟作畦于一体的复式耕整地机具进行作业。机具所作畦面的宽度应与油菜移栽、田间管理、收获机械作业宽度相对应。沟深一般为 15~20 厘米，沟上口宽≥25 厘米，沟底宽≥15 厘米。同时，开沟深度、宽度等参数也应根据当地的土壤类型、气候条件、作业习惯等适当调整。

（二）土壤含水率情况

移栽前，土壤含水率应保持在 15%~30%。在土壤含水率高、雨水多的地区，可根据土壤墒情适时及时进行排灌，也可采用起垄的方式，垄高≥12 厘米，垄宽 70~90 厘米或 140~180 厘米。

（三）移栽前肥料的施用

在移栽前，应根据当地土壤特性及肥力条件，合理计算肥料的施用量，配施硼肥、氮肥、钾肥，施用量一般为总施肥量的 50%，一般氮磷钾复合肥 300~600 千克/公顷，或缓释肥 450 千克/公顷，硼砂 7.5~11.25 千克/公顷。

二、移栽机具的选择

一般而言，油菜机械化移栽应选择具有取苗准确、移栽深度适宜、移栽效率高等特点的移栽机。根据油菜品种和移栽田地的特点，选择适宜的移栽机具。目前有两种常用的油菜毯状苗移栽机：一种是以水稻插秧机底盘为动力的油菜毯状苗移栽机；另一种是在此基础上开发的，需要挂载在拖拉机上，以拖拉机为动力源，集旋耕埋茬、开沟作畦、移栽镇压等功能于一体的联合移栽机（图 7-2）。相比之下，联合移栽机动力更强，对南方稻田黏重土壤、秸秆全量还田条件的适应性更强、栽植质量更高。

三、移栽油菜秧苗的技术要求

油菜秧苗移栽时，苗龄≥30 天，苗高 80~120 毫米，叶龄 5~8 叶，绿叶数 3~4 片，密度 3 000 株/米² 左右，根系发达、盘根成毯、茎部粗壮、叶挺色绿、均匀整齐。当油菜毯状秧苗满足以上条件时，就可开展移栽作业。移栽前控制床土（基质）绝对含水率≥50%。

2ZY-6型油菜毯状苗移栽机　　　　2ZGK-6型油菜毯状苗联合移栽机

图7-2　油菜毯状苗移栽机与联合移栽机

四、油菜秧苗的机械化移栽技术

在油菜幼苗生长满足移栽要求后，应及时进行移栽作业。一般而言，油菜机械化移栽的时间应比传统移栽方式提前10~15天。

（一）移栽机的作业要求

油菜移栽应按照机具使用要求对机具参数进行调整。作业速度控制在1米/秒以内，株距14~18厘米，栽植深度1.5~5厘米；移栽作业质量应符合栽植合格率≥80%、漏栽率≤8%、栽植深度合格率≥75%的要求。在移栽过程中，应注意保持移栽深度适宜，以避免对幼苗造成伤害。机具作业中，如发现不符合作业要求时，应及时停机进行检修，直至作业恢复正常。

（二）移栽后的田间管理

1. 浇水

在移栽完成后，应及时浇水，以促进幼苗的生长和发育。土壤墒情好或有降雨，不需喷洒活棵水。如果干旱严重应适当灌水，或畦沟浸水。

2. 施肥

在幼苗生长过程中，应根据幼苗的生长情况和土壤肥力状况，适时合理追肥，以提供足够的养分，保证油菜苗数。移栽油菜第一次追肥在幼苗成活时施肥，第二次在植株长成3~5片新叶时施肥。可采用无人机进行撒施。

3. 病虫草害防治

移栽后 1~2 天杂草出土前，使用相应的除草剂喷施土壤，有利于药膜展开，封闭土壤，阻止杂草种子萌发。在幼苗生长过程中，应根据田间油菜秧苗的情况，选用对口药剂，及时安全用药。一般可选用生物防治、化学防治等方法进行防治。可采用农用无人机、喷雾喷粉机等机具，植保作业应符合喷雾机（器）作业质量、喷雾器安全施药技术规范等方面的要求。

4. 后期管理

在移栽完成后，应注意加强田间管理，包括除草、排水、防治病虫害等工作。同时还应根据天气变化及时调整管理措施。

第三节　油菜机械化直播技术

油菜机械化直播技术是指采用油菜直播机，将油菜种子直接播种在田地里的种植方式。与传统的油菜种植方式相比，机械化直播技术可以通过合理的茬口安排、土壤选择、品种选择及田间管理等方面的操作，大大缩短种植周期，提高种植效率，降低劳动成本，具有显著的经济效益和社会效益。

一、播前准备

（一）田块整理

秸秆还田是否到位，整地质量高不高，直接关系油菜播种出苗的质量。

1. 前茬收获

水稻等前茬农作物收获前 1 周左右要及时排水晾田，机械收获时应选用带秸秆粉碎还田装置的联合收获机，应尽量控制留茬高度和碎草长度。秸秆切碎后均匀抛撒，避免秸秆堆积。对于油菜播种环节来说，秸秆越碎越好，铺撒越匀越好。

2. 土地耕整

前茬留茬较高时，应先用秸秆粉碎还田机将秸秆粉碎。在墒情适宜时，用带有翻转埋茬功能的旋耕机，采用耕翻、深旋耕等方式埋草整地，旋耕耕深应≥20厘米，防止秸秆影响油菜种子萌发、生长。再用开沟机作厢，形成平整的畦面，宽度一般为1.8米左右，应与油菜直播机和收获机械的作业宽度相对应。开沟机开出的厢沟、腰沟、边沟，沟深一般为15~20厘米，沟上口宽≥25厘米，沟底宽≥15厘米，方便后期排灌水。低洼田要适当缩小厢宽，并增加沟的深度。

3. 土壤情况

油菜机械化直播技术对土壤的要求较高，应选择土壤肥沃、排水良好、有机质含量高的田地进行播种。还要根据土壤墒情，适时排灌，土壤含水率以15%~30%为宜，既有利于提高播种质量，也利于播种后及时出苗。

4. 施用基肥

在播种前，应根据土壤肥力及油菜种植的农艺要求，合理计算肥料的施用量。一般可施用氮磷钾复合肥300~600千克/公顷，或缓释肥450千克/公顷，硼砂7.5~11.25千克/公顷。采用播种的同时施用肥料的这种直播模式时，应选用不易受潮、不易粘连的小颗粒肥料，以防止颗粒化肥在肥箱中结块堵塞，影响播种施肥质量。

（二）油菜品种选择

应结合茬口类型、生产目标、气候条件和种植环境，以及当地农艺推介等情况，选择合适的油菜品种进行种植。具体来说，应选择扎根力强、根冠比大、主花序长、分枝少的油菜品种，种子品质与质量符合相关规定。

（三）播种机具的保养及准备

在油菜播种作业季前，要尽早对机械设备进行维修保养，重点保养、调整排种器及传动比方式等，确保排量符合要求，播种可靠、均匀。播种机具完成保养调试后，应进行短距离的试播。结合机械设备运行状态及播种作业状况，如发现有故障情况，应及时查明原因，进行调整，调整后再次试播，直至符合作业要求为止。

二、机械播种作业

(一) 种子处理

1. 清选

通过风选、盐水选种的方式,剔除种子中的瘪粒、杂质等,留下饱满的种子备用。

2. 晾晒

在晴天均匀摊铺晾晒种子,每间隔 2~3 小时翻动种子 1 次。禁止直接在水泥地上晾晒。

3. 浸种

用 50℃温水或尿素溶液浸泡油菜种子,可起到杀菌灭毒、催芽等作用。

4. 种子包衣处理

复合型种衣剂可在油菜种子表层形成防护膜,预防油菜苗期病虫害的发生,可选用种卫士、适乐时等复合型种衣剂。严禁将经包衣处理后的种子再浸泡。严禁在盐碱地、低洼易涝地使用种子包衣技术。

(二) 选择合适的播种时间

一般在 9 月中旬至 10 月中旬,前茬作物收获完,厢面无积水且墒情较好时,立即播种,提倡早播。

(三) 油菜直播机械的选择

应根据土壤墒情、前茬作物品种以及当地播种机使用现状等情况,可选择条播机,或者具有一次完成旋耕、灭茬、起垄、开沟作畦、播种、施肥等多种工序的联合直播机,以及免(少)耕精量油菜播种机等。

1. 条播机

每亩播种量 200 克以上,与少量尿素或复合肥混匀同播,播种期推迟或残存物较多影响出苗时应适当加大播种量。建议在有条件的情况下,优先采用秸秆深埋、精细整地后,再进行机械播种。对于秋播期间降雨偏少、墒情不足的,尤其是秸秆还田后的油菜田,在播种机后要安装镇压装置,以便播后压实保墒,使种、土密接,提墒促苗,

2. 联合精量播种机

在碎草匀铺的基础上，按照农艺要求的最佳播种量、行距、穴距（或粒距），以精量播种技术为核心，集成开畦沟、旋耕、灭茬、施肥、覆土等多项功能的高效种植方式。联合播种机（图7-3）具有自动化程度高、操作方便等特点，大

图7-3　油菜联合精量播种机

大提高了生产效率，作业幅宽一般为1.8米，厢沟宽20厘米、沟深20厘米，每厢可条播6行，行距20~30厘米，播种深度0.5~2厘米，亩用种量一般控制在150~250克，播种深度5~25毫米，亩施肥量用氮磷钾（15-15-15）复合肥50千克左右。这种方式作业环节少，作业效率高，但复式播种机在一次性完成各项作业时，往往会因为机械动力不足、土壤质地较差、秸秆还田量大等情况，而导致播种质量下降。因此可在复式播种前增加一次旋耕灭茬整地作业，以确保播种质量。

3. 免耕、少耕播种机

油菜免耕联合播种机是将种子和油菜控释肥直接播在水稻等前茬作物收获后的稻茬板田上，同时实现开沟，并将沟内土壤破碎后均匀抛洒到厢面，以覆盖种子、肥料、稻茬和杂草，实现油菜种植全程机械化，从而一次性完成播种、施肥、开排水沟和对已播种子、肥料的覆土作业。6行的免耕播种机的播种量一般1.5~7.5千克/公顷；排肥量225~450千克/公顷；排水沟宽度24厘米；排水沟深度12厘米。免耕、少耕油菜联合播种机的优势是可在水稻等前茬收获后，及时适期播种。整个播种过程除开沟划切土壤之外，其他均为板田，土壤结构不被破坏，减少了水土流失。同时，由于稻板田土壤养分主要分布在上层0~5厘米处，土壤微生物也主要在上层，有利于油菜增产。

（四）作业技术要求

按照相应机具的使用说明书要求进行作业。播种作业质量应符合

漏播率≤2%、各行播量一致性变异系数≤7%、行距一致性变异系数≤5%的要求，同时要注意以下几点。

一是播种时，农机手应充分利用耕地面积，按计划尽量将种子播到头、播到边，做到不留地头、不漏播。每播种完一定面积的田块，应根据播种亩数核实播种量。不符合播种要求的，要调整后再进行播种。

二是注意各机械的工作情况。作业过程中，要重点注意各传动机械工作是否正常、种肥在排出中是否堵塞、输种管下端是否保持在开沟器下种口内、地轮是否黏土等。

三是及时添加种肥。种肥在箱内应大于1/4的容积，添加的种子、肥料必须经过筛选，要选择流动性较好的颗粒肥料。同时要防止肥料在箱内出现架空。

四是地头停车再进行播种时，可后退一定距离，然后再继续工作。

五是及时清理。播种作业结束后，要及时清理种箱、肥箱。

三、播后田间管理

1. 及时封闭除草

播后3天内应及时进行播后芽前封闭除草，可采取每亩用50%乙草胺100~120毫升，兑水40千克喷施的办法。

2. 在土壤墒情不足时，播种后要及时灌溉补墒，促进齐苗

土壤湿度过大或遇雨水多时，要掌握"宁迟勿烂"的原则，及时采取排水措施，排出积水，创造适宜的土壤墒情条件，避免烂耕烂种。

3. 间苗补苗

播种作业完成后，要密切留意出苗情况，若发现有缺苗断垄现象，要及时移栽补苗，达到齐苗的目的。补苗后要及时适当增施清粪水，保证成活率。油菜长出3片叶时即可进行间苗定苗，剔除弱苗、小苗、病虫苗，留下健壮苗。

第八章

花生机械化种植技术

花生是我国重要的经济作物和油料作物，具有较高的经济价值，我国花生种植以山东、河南、河北、广东、安徽5省为主，面积约占全国的62%，总产量约占全国的67%，其中以河南、山东为最大省份，两省的花生种植面积之和约占全国的41%。油料作物中花生的出油率远高于其他油料作物，出油率高达45%～50%，而大豆则为14%～16%。花生中油酸的相对含量高达50%以上，油酸对人体心血管有益，对人体的高血脂、有害胆固醇有降低作用。

花生种植技术主要涵盖科学选用种、土壤平整、播种技术、田间施肥管理、病虫害防治、收获、干燥和贮藏等方面。花生机械化生产技术旨在促进农机与农艺融合，提高花生机械化生产的技术水平，推进花生标准化种植、轻简化作业、规模化生产，最大程度上解放劳动力，提高生产效率。花生全程机械化主要包括机械化耕整地、机械化播种、机械化田间管理和机械化收获，关键技术为花生机械化播种和联合收获技术。

第一节　花生机械化直播技术

播种是花生生产过程中的重要一环，提高播种环节的机械化利用率是增加播种效率、保证播种质量的重要途径，花生的机械化播种经历了由简单农具的使用到现在联合播种作业多个发展阶段。花生播种属于精量化穴播，针对花生的机械化播种，要注重农机具与种植农艺的有效结合与良性互动，当前可同时实现起垄、播种、覆土作业等，有些可实现联合作业。

黄淮海地区花生种植技术路线如表 8-1 所示。

表 8-1　黄淮海地区花生种植技术路线

种植季节	技术路线
春季	冬季前耕整地，早春顶凌耙地→播前耕整地→花生机械化播种→花生田间管理→花生机械化收获（分段式收获→晾晒→捡拾摘果、联合收获）
夏季	花生机械化播种→花生田间管理→花生机械化收获（分段式收获→人工捡拾摘果、两段式收获、联合收获）

一、播种条件

（一）种植模式

花生种植模式主要包括耕作方式、植株配置方式等。先进适宜的种植模式能够充分利用土壤养分和光能，有效提高花生品质和经济效益，同时直接影响花生收获机械化的发展。主要耕作方式如图 8-1 和表 8-2 所示。

1. 平作　　　　　　　2. 垄作　　　　　　　3. 畦作

图 8-1　主要耕作方式示意图

表 8-2　主要耕作方式

耕作模式	主要内容	优缺点	适宜情况
平作	平作即在地面开沟播种，行距可调，不受起垄限制	平作是旱薄地花生产区的种植方式，有利于抗旱保墒，减少了种植工序，省时省力，降低成本，利于密植，但灌溉不便，昼夜温差小	适宜灌溉条件较差、土壤肥力较低的旱坡地和排水通畅的沙地

（续表）

耕作模式	主要内容	优缺点	适宜情况
垄作	花生种子播种在垄上，垄作主要有垄上单行和大垄双行两种方式	能够有效改善土壤的颗粒结构，能够明显提高地温并改变昼夜温差，有利于排水灌溉，有效防止长时间浸水烂果	在丘陵地带起垄能可增加覆土厚度，扩大根系吸收养分的范围，更有助于花生生长并提升产量
畦作	通过在农田中建立一条或多条略高于地表的种植沟，在这些高畦上生长	提高土地利用率，有利于土壤保护、肥水管理、作物生长等	东南沿海花生产区降水量多，容易遭受洪涝灾害，尤其是水稻和花生轮作地积水严重。在广东等产区多采取畦作抗旱防涝

（二）品种选择

春播花生或春播地膜覆盖花生宜选择生育期在 125 天左右的优质专用型中大果花生品种，麦垄套种花生宜选择生育期在 125 天以内的优质专用型中大果花生品种，夏直播花生宜选择生育期在 110 天左右的优质专用型中果花生品种。

在选择品种时，要注意品种抗性与当地旱涝、病虫等灾害发生特点相一致，特别是青枯病发生地区（地块）要选用高抗品种，烂果病发生较重的地区要选用抗性强的品种。机械收获程度高的产区，应选择结果集中、成熟一致性好、果柄韧性较好、适宜机械化收获的品种，种粒大小一致，种子纯度 96% 以上，种子净度 99% 以上，籽仁发芽率 95% 以上。播种前，按农艺要求选用适宜的种衣剂，对花生种子进行包衣（拌种）处理，处理后的种子，应保证排种通畅，必要时需进行机械化播种试验。

（三）播种时间

要根据地温、墒情、品种特性、栽培方法等综合考虑，在实际生产中，5 厘米地温稳定在 15℃ 以上即可播种，18℃ 以上时出苗快而整齐。根据我国花生不同种植地区的差异，花生种植方式主要有裸地栽培和地膜覆盖栽培两种，不同时间和方式播种要求如表 8-3 所示。

表8-3　不同时间和方式播种要求

播种时间/模式		温度	时间	备注
春播	露播	>15℃	4月中下旬至5月上旬	
	覆膜	—	4月上中旬	
夏播	麦垄套种	—	5月中下旬 麦收前15~20天	
	直播		不晚于6月20日	小麦收获后及时 整地，尽早播种

（四）播种耕整地要求

花生种植地块应选择在地势平坦、集中，土质松软，土层深厚，土壤肥力较高，保肥、保水性较强的沙质土或轻沙壤土。

春播花生在前茬作物收后，及时进行机械耕整地，耕翻深度一般在22~25厘米，要求深浅一致，无漏耕，覆盖严密。在冬耕基础上，播前精细整地，保证土壤表层疏松细碎，平整沉实，上虚下实，拣出大于5厘米石块、残膜等杂物。夏播花生在前茬作物收获后，及时灭茬、旋耕、秸秆还田等，达到土壤细碎、无根茬。结合土地耕整，同时进行底肥施用和土壤处理。每3年要深耕1次，深耕深度30厘米。耕整地设备为通用机械，与常规动力机械配套的秸秆粉碎还田机、深耕犁、旋耕机、圆盘耙等，均可满足生产要求。

（五）播种原则

花生的播种原则是"干不种深，湿不种浅"，根据墒情、土质、气温灵活掌握，一般机械播种以5厘米深度为宜，播种早、地温低或墒情好的地块，适当浅播，但不得小于3厘米；反之则可适当加深，但不宜超过7厘米。

（六）播种时间

夏直播花生要抢时早播，足墒播种，播种时5~10厘米土层土壤含水量不能低于15%；墒情不足，应提前浇水造墒，播种时土壤绝对含水率以15%~18%为宜。

（七）播种密度

花生的播种密度和花生植株高度、叶面积大小、结实范围、土壤肥力、品种选择、气候条件等有关。花生机械播种为穴播，大花生每亩 8 000~10 000 穴，小花生每亩 10 000~12 000 穴为宜，每穴 2 粒。常见垄麦套种和起垄播种密度如表 8-4 所示。

表 8-4　常见垄麦套种和起垄播种密度情况

播种模式	亩穴数	穴粒数	单粒精播（株/亩）
垄麦套种	10 000	2	14 000~15 000
起垄播种	12 000	2	16 000~18 000

一般情况下，播种早、土壤肥力高、降雨多、地下水位高的地方，或播种中晚熟品种，播种密度要小；播种晚、土壤瘠薄、中后期雨量少、气候干燥、无水利条件的地方，或播种早熟品种，播种密度宜大。

（八）播种要求

花生种植模式根据各地特性差异有所不同，通常花生播种一般采用一垄双行（覆膜）播种和宽窄（大小）行平作播种。我国主产区垄作种植模式如图 8-2 所示。

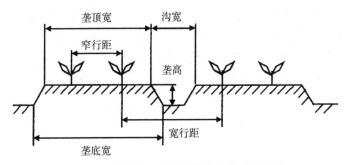

图 8-2　我国花生垄作主要种植模式示意图

图 8-2 中主要显示了垄顶宽、垄底宽、窄行距、宽行距、沟宽、垄高等主要参数。垄作主要种植模式种植参数如表 8-5 所示。

表 8-5　垄作主要种植模式种植参数

起垄种植	参数（厘米）	备注
宽行距	50~55	
窄行距	25~33	
垄高	8~12	易涝地区垄高 15~20 厘米
垄间距（垄距）	70~90	一垄双行
株距	13~20	
垄距	50~60	单垄单行

注：各地应根据当地耕作实际情况进行参数设定。

二、播种作业质量

选用多功能花生专用播种机械，可以一次完成起垄、播种、施肥、镇压、覆膜等全部工序，作业效率高，播种质量好，节本增效显著。机械播种可满足密度、排种均匀等农艺技术要求；每亩可节省人工 2 个以上，减轻劳动强度；播种进度快，可满足适期、适墒播种；土壤水分散失少，容易保墒；便于后期机械收获。

机械化播种机应根据当地实际种植情况进行调整，但应符合相应作业质量要求。对花生播种机械的总体要求主要是：起垄大小、高矮要规范一致；播种深度要求深浅一致；保证每穴按规定粒数下种，一般情况下机械化播种作业质量要求如表 8-6 所示。

表 8-6　机械化播种作业质量要求

评价指标	质量要求	备注
双粒率	75%以上	单粒不考虑
穴粒合格率	95%以上	
空穴率	不大于2%	
破碎率	小于1.5%	不伤种皮、胚根

需要覆膜地区作业时尽量将地膜拉紧，覆土完全，并同时放下镇压轮进行镇压，使地膜尽量贴紧地面。

三、使用的主要机械类型

（一）地膜覆盖机

花生覆膜机是伴随地膜覆盖栽培技术的应用而发展起来的新型农机具。地膜覆盖机械由于其作业效率高、质量好、效益显著而发展迅速。

2BFD-2C 型花生播种覆膜机如图 8-3 所示，采用先播种后覆膜的形式，一次可完成筑垄、施肥、播种、喷药、覆膜、镇压、膜上覆土等操作工序。性能参数主要包括配套 8.8 千瓦以上小四轮拖拉机；适应膜宽 80 厘米、播种深

图 8-3　2BFD-2C 型花生播种覆膜机

度 3 厘米、播种行数 2 行/幅，穴距为 15 厘米、18 厘米、20 厘米；双粒率达到 95%以上；作业效率为 3~5 亩/时。

（二）花生起垄播种机

2BFG-6/6 型花生旋耕施肥起垄播种机如图 8-4 所示，主要用于花生施肥起垄播种，可一次完成旋耕、施肥、播种、起垄、覆土、镇压等工序。性能参数主要包括配套动力 80.8~110.2 千瓦、作业速度 2.7~3.9 千米/时、作业效率 0.6~

图 8-4　2BFG-6/6 型花生旋耕施肥起垄播种机

1.0 公顷/时、行距 23~26 厘米。

（三）花生起垄铺膜播种机

2MB-2/4 型花生铺膜播种机如图 8-5 所示，可完成去车辙、筑垄、施肥、播种、喷药、铺膜、膜上筑土带等作业工序，比人工播种花生提高效率 50 倍。性能参数主要包括配套动力 22.5~37.5 千瓦、适应膜宽 80~90 厘米、行距 27 厘米、穴距 16~35 厘米、作业效率 6~10 亩/时。

图 8-5 2MB-2/4 型花生铺膜播种机

（四）平作复式播种机

2BMXE 系列机械式免耕精量播种机如图 8-6 所示，能够一次性完成施肥、播种、镇压等多道工序，主要性能参数包括配套动力 95~118 千瓦、作业行数 4 行、指夹式排种器、排种器数量 4 个、外槽轮式排肥器、开沟器为铲式施肥开沟器、种箱容积：32 升×4、底肥容积 320 升×2、最佳作业速度 6~8 千米/时。

图 8-6 2BMXE 系列机械式免耕精量播种机

（五）全秸秆覆盖碎秸清秸花生免耕播种机

花生夏季平播可采用复合式免耕播种机（图 8-7），免耕播种机可一次完成秸秆粉碎，行间集覆膜、施肥、播种、秸秆还田等工序于一体，性能参数主要有配套动力≥88.2 千瓦、作业幅宽 240 厘米、行距 60 厘米。

图8-7 2BQYJMH-4型花生免耕播种机

第二节 花生机械化收获技术

花生属于豆科植物,"地上开花,地下结果"的独特属性给收获环节带来了作业难度,与其他作物相比,花生收获需要经过起挖去土、放铺晾晒、植株捡拾、果茎分离、清选集果和茎秆回收等多个作业环节,这对花生机械化收获提出了更高的技术要求。因此,花生机械化收获是花生种植全程机械化的关键技术之一。

一、花生特性和收获要求

根据花生植株的形态,可分为蔓生型、直生型和半蔓生型3种。蔓生型花生除主茎外,其余分枝都铺在地面上,果实较为分散,收获时易落果。直生型花生的分枝与主茎间的夹角较小,均为30°~40°,果实集中,不易落果。半蔓生型花生的形态介于上述两者之间。

(一) 适期收获

花生收获时机的把握对于降低花生收获损失、提高收获作业质量至关重要,应按照当地花生生产条件,根据品种、环境条件、种植模式、植株长相和荚果饱满度,确定收获时期和收获机型,适时收获。

正常情况下当花生植株显现老化,茎尖停止生长,茎秆和大部分叶片变黄,果壳硬化,种皮变薄,网纹清晰,种仁呈现品种特征时即表明花生已成熟,可根据土壤含水情况,选择合适收获机械,适时机械化收获时要避开雨季。中低产田，遇旱植株表现出衰老状态，上部叶片变黄，基部和中部叶片脱落，果壳内壁出现黑褐色斑块时，要及时收获，避免花生果发芽、落果和受到黄曲霉毒素污染。高产田，在保叶防早衰的基础上，要结合不同品种特性和长势情况，适期晚收。

（二）土壤收获条件

收获时土壤应较为松散，土壤含水率在10%~18%，适合花生收获机械作业。土壤含水率过高，无法进行机械化收获；含水率过低且土壤板结的地块，可适度灌溉补墒，调节土壤含水率后机械化收获。

二、花生收获方式

我国花生收获技术的发展经历了人工收获、半机械化收获、机械化分段收获、机械化联合收获及全程机械化等不同阶段，花生机械化收获就是收获过程中的挖掘、清土、铺放、晾晒、摘果、清选、集果、秧蔓处理等作业全部或部分由机械完成，即不同机械分别完成花生收获的各个环节，主要包括花生起收机、花生复收机、花生摘果机、花生清选机等。花生收获流程及使用设备如图8-8所示。

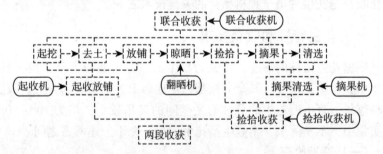

图8-8　花生收获流程及使用设备

（一）单一收获

单一收获指采用花生挖掘机挖掘、抖土和铺放，人工捡拾、机械摘果、清选的收获方式。在丘陵坡地，可采用花生挖掘机挖掘，人工捡拾、机械摘果、清选。

（二）两段收获

两段收获指先挖掘铺放晾晒，晾晒后再捡拾摘果的收获方式。第一段采用花生挖掘机挖掘、抖土和铺放，经过 3~5 天晾晒后，其中沙性土壤和中性土壤适合应用花生有序铺放收获，黏重土壤适合使用花生挖掘无序铺放收获，土壤条件较差的可选用带压辊的花生挖掘铺放收获机械，第二段捡拾摘果联合收获机一次性完成捡拾摘果清选。两段收获是近年来采用较多的收获方式，特点是减少了将花生运到场地摘果的过程、清选的传统环节，释放了劳动力。两段收获作业的典型模式如图 8-9 所示。

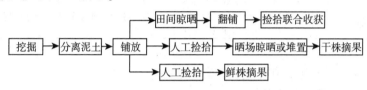

图 8-9　两段收获作业的典型模式

（三）联合收获

机械化联合收获是指由一台设备一次完成花生挖掘、输送、清土、摘果、清选、集果等所有收获作业工序，是当前集成度最高的花生机械化收获技术。机械化联合收获有全喂入式和半喂入式两种作业形式，联合收获尤其适合收获鲜食花生；在气候不好的情况下，也有利于抢收，联合收获机的选择应与播种机匹配。花生联合收获机的作业模式如图 8-10 所示。

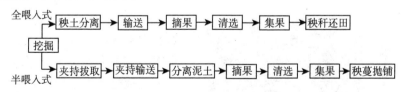

图 8-10　花生联合收获机的作业模式

三、收获机械

目前常见花生收获机械按其功能可分为以下几类，如表 8-7

所示。

表8-7　花生收获机械

收获机械	主要功能
花生挖掘犁（机）	仅具有挖掘花生功能
花生收获机（挖掘机）	具有分离泥土和铺放功能，但仍需人工或机械捡拾、摘果
花生复收机	将花生收获过程中遗留在土壤中的花生果从土壤中分离出来，并抛撒在地面上，然后由人工捡拾回收
花生摘果机	将花生荚果从花生蔓（秧）上摘下，并进行清选除杂
捡拾联合收获机	用于两段收获模式下的联合收获作业，完成捡拾、摘果、清选、集果、秧蔓处理等作业
联合收获机	一次完成挖掘、清土、摘果、果杂分离、果实收集和秧蔓处理等花生收获作业的全部工序

常见的花生收获作业机械有以下几种。

（一）花生挖掘机

一般由机架、挖掘铲、输送分离机构、铺放滑条、地轮、变速箱、万向节传动机构等组成。挖掘机的主要工作过程是：随机组的前进，花生由铲头铲起，连同泥土一起向后推送，经过铲后的栅条上升后，花生棵被不断上升运转的输送分离链的横杆上钉齿挂住，在升运过程中，绝大部分泥土被抖落，花生棵被抛到机后，经铺放滑条，将花生棵放在机具前进方向的一侧地面上，整齐排放成一列。花生挖掘机机型很多，可根据性能需要选用。

图8-11　4H-800型花生挖掘机

4H-800型花生挖掘机（图8-11），可一次收获一垄两行覆膜种植的花生，复收装置是双重筛子；性能参数主要包括配套动力13.2~25.8千瓦，行距25~30厘米；垄距85~90厘米，作业幅宽80厘米，作业速度3~5千米/时。

花生挖掘机作业质量要求：挖掘深度合格率98%以上，破碎果率1%以下，埋果率≤2.0%，含土率≤20.0%，无漏油污染，作业后地表较平整、无漏收、无机组对作物碾压、无荚果撒漏。

（二）　花生联合收获机

花生联合收获机是一次完成挖掘、输送、除土、摘果、分离、清选、集果等作业的机械。花生联合收获机对花生种植有一定的要求，其土壤要求为沙质土，种植方式为垄作，垄高、垄宽、垄种植行，作物行距等均有要求，花生联合收获机现有履带式、轮式两种，有全喂入式和半喂入式两种作业形式。

4HL-2型花生联合收获机为半喂入式（图8-12），能够一次性完成挖掘、起拔、输送、去土、摘果、清选、提升、集仓等多道工序。配套动力29.5千瓦，适用模式起垄播种、一垄两行种植。

图8-12　4HL-2型花生联合收获机

半喂入式花生联合收获机作业质量要求：总损失率3.5%以下，破碎率1%以下，未摘净率1%以下，裂荚率1.5%以下，含杂率3%以下；无漏油污染，作业后地表较平整、无漏收、无机组对作物碾压、无荚果撒漏。

4HZJ-2600型花生捡拾收获机为全喂入式（图8-13），机型特点主要包括加宽型过桥、双扭簧弹齿、专有板翅式水箱、专用花生收获滚筒、加宽型清选室、专用变速箱+闭式边减等。配套动力85千瓦，捡拾幅度260厘米，果箱容积2.3米^3，燃油箱容积230升。

全喂入式花生联合收获机作业质量要求：总损失率

图8-13　4HZJ-2600型花生捡拾收获机

5.5%以下，破碎率2%以下，未摘净率2%以下，裂荚率2.5%以下，含杂率5%以下；无漏油污染，作业后地表较平整、无漏收、无机组对作物碾压、无荚果撒漏。

（三）秧蔓处理

新型秧果兼收联合收获机可实现秧蔓与荚果的同时收获，秧蔓无须后续人工处理，可直接归集装箱或打捆，秧蔓清洁化程度高，不夹带地膜与泥土，可直接作为动物饲料使用。半喂入式联合收获机收获后的花生秧应规则铺放，便于机械化捡拾回收；全喂入式联合收获机收获后的花生秧蔓，如做饲料使用，应规则铺放，便于机械化捡拾回收，如还田，应切碎均匀抛撒地表。捡拾摘果机作业后，花生秧被收集到集秧箱内，可以回收用作饲料。秧果兼收联合收获机目前尚在推广阶段，推广应用普及程度不高。

第九章

主要农作物机收减损技术

农作物机械化收获减损技术，是指农机手通过科学确定农作物适宜的收获期、选择适宜的农业机械、科学规范的机械操作技术、合理的机收路线，以及必要的机收减损措施等方法，来显著降低农作物在收获时的损失，以提高产量和收获质量的技术。

我国粮食每年在收获、储藏、运输和加工环节损失量较大，其中收割环节粮食的损失非常突出。受机具操作、田块大小、作物情况等因素影响，部分区域的机收损失率甚至高达 10%，造成了极大的浪费。减损即是增产，在目前自然灾害频发、国际形势紧张的情况下，粮食作物机收减损成为一个不容忽视的问题，势必要引起农业生产从业者的重视。这不仅可以为国家粮食安全贡献力量，还能显著提高农民收益，促进农村经济发展。

第一节　水稻机收减损技术

目前，在国内水稻生产的收获环节中，一般使用水稻联合收割机或分段式割晒机结合捡拾收割机等机具开展水稻收获作业。为了降低水稻机械化收获的损失，要求在一定区域内，水稻品种及种植模式应尽量规范一致，作物生长及田块条件适于机械化收获。

一、收获前的准备

（一）机具的准备

在作业开始前，要根据农机具保养维修规定对收割机开展检查与保养，确保机具能够正常工作。

（二）选择适宜的收获期

选择确定合适的收获期，有利于减少脱粒清选损失或割台损失。在易发生自然灾害或复种指数较高的地区，为抢时间，可适当提前开始收获。

通常情况下，水稻的最佳收获期是蜡熟末期至完熟初期，稻谷含水量 15%~28%。谷壳变黄、籽粒变硬、水分适宜、不易破碎标志着水稻进入完熟期。或根据稻穗外部形态判断确定，谷粒全部变硬，绝大多数穗轴上干下黄，有 70% 的枝梗已干枯变黄，说明谷粒已经充实饱满，此时应进行收获。落粒性强的品种可以适当早收。水稻分段式割晒机作业一般适宜在蜡熟末期进行。除此之外，还可根据生长时间判断确定。一般南方早籼稻适宜收获期为齐穗后 25~30 天，中籼稻为齐穗后 30~35 天，晚籼稻为齐穗后 35~40 天，中晚粳稻为齐穗后 40~45 天；北方单季稻区齐穗后 45~50 天收获。

二、机收过程中可采取的减损技术

机收作业前，根据田块土地、种植品种、生长高度、植株倒伏、作物产量等情况，选择合适的收割模式，调整好机具相关参数，进行试割，做出必要调整后，再开始大面积收割作业。

（一）选择合适的收获机具

在收割前，应依据所种植水稻的情况，选择合适的收获机具。

当水稻生长高度为 65~110 厘米、穗幅差 ≤25 厘米，或者收割难脱粒品种（脱粒强度>180 克）时，建议选用半喂入式联合收割机。

收割易脱粒品种（脱粒强度<100 克）或高留茬收获时，建议使用全喂入式收割机。

（二）试割

在开始大面积收获作业前要进行试割，一般为 30 米左右。收割过程中，要及时检查损失率、含杂率和破碎率情况，对照作业质量标准，寻找问题原因，对机具参数进行调整，如适当调整风机进风口开度、振动筛筛片角度、脱粒间隙、拨禾轮位置、半喂入式收割机的喂入深浅、全喂入式收割机的收割高度等的位置及参数。调整完成后要再进行试割并检测，直至达到质量标准为止。

（三）正确开出割道

正式作业时，为了避免机具在收割过程中压倒部分谷物增加损失，应先割出割道。从易于收割机下田的一角开始，沿着田埂割出一个割幅，割到头后倒退 5~8 米，然后斜着割出第二个割幅，割到头后再倒退 5~8 米，斜着割出第三个割幅。可用同样的方法开出横向方向的割道。规划较整齐的田块，可以把几块田连接起来开好割道，割出三行宽的割道后再分区收割，提高收割效率。

（四）选择合理的收割路线

联合收割机作业一般可采取四边收割法、梭形双向收割法两种行走方法。在具体作业时，农机手应根据地块实际情况灵活选用，要卸粮方便、快捷，尽量减少机车空行。转弯时应停止收割，将割台升起，不要边割边转弯，以防因分禾器、行走轮或履带压倒未割水稻，造成漏割损失。

1. 四边收割法

四边收割法，是指可以顺时针或逆时针向心收获。对于长和宽相近、面积较大的田块，田块四周预先开出一个割幅的割道，收割一个割幅到割区头，升起割台，边倒车边向右转弯，使机器横过 90°，采用向心回转的方法继续收割。

2. 梭形双向收割法

对于长宽相差较大、面积较小的田块，应采用此方法。田块两头预先开出 3 个割幅的割道，机具沿割道，长方向割到割区头，不倒车继续前进，左转弯绕到割区另一边进行收割。

（五）选择合适的作业速度

为减少损失，收割机的作业速度与作业位置、作物产量以及田间情况有关，要根据实际情况，及时进行调整，一般要注意以下几点。

收割作业开始前 1 分钟、结束后 2 分钟，应尽量保持发动机在额定转速下运转。

当作物生长稠密，产量超过 600 千克/亩，或田间杂草太多时应考虑降低作业速度，减少喂入量，防止喂入量过大导致作业损失率和含杂率过高等情况。全喂入式联合收割机还应适当增加割茬高度并减小收割幅宽。

当作业转弯时，应注意观察，慢速转弯，防止清选筛面上的物料甩向一侧造成清选损失。

（六）作业质量要求

1. 农机手应提前检查调试好机具，确定适宜收获期，严格按照作业质量标准和操作规程，减少收获环节损失

作业时，要注意机收作业质量符合表 9-1 水稻联合收割机作业质量标准要求。受限于场地及作业时间等情况，农机手可采用简易测定方法，现场估算。

表 9-1　水稻联合收割机作业质量标准

项目	指标	
	全喂入式	半喂入式
损失率	≤3.5%	≤2.5%
破碎率	≤2.5%	≤1.0%
含杂率	≤2.5%	≤2.0%
茎秆切碎合格率	≥90%	
污染情况	收获作业后无油料泄露造成的粮食和土地污染	

在收获作业过程中，可选择自然落粒少的田块，在收割机稳定作业区域，采取一些简易测定法进行估算，如"巴掌法"，验证收割机作业的损失率等情况，便于及时调整作业参数。巴掌法是指用以成人的手掌面积划定取样区域，面积按 0.02 米^2 计，按照下面公式计算取样区的损失率。

$$S_i = \frac{N_i \times G}{M \times 0.02 \times 1\,000} \times \frac{666.66}{1\,000} \times 100$$

式中，N_i 为第 i 个取样区籽粒数量，单位为个；G 为该地块往年稻谷千粒重，单位为克。

以稻谷千粒重 25 克、亩产量 500 千克为例，按照全喂入式收割

机标准损失率≤3.5%，"巴掌法"一个取样区域内落地籽粒应不超过21粒。不同水稻品种按千粒重、标准损失率和亩产量等可大致估算出标准损失粒数等，再与落地粒数等进行比较，即可判断损失率等是否超出标准。

2. 及时调整喂入量及清理筛面

应根据作物品种、高度、产量、成熟程度及水稻秸秆含水率等情况，通过作业速度、割茬高度及割幅宽度等及时调整喂入量，使机器在额定负荷下工作，尽量降低夹带损失，避免发生堵塞故障。要经常检查凹板筛和清选筛的筛面，防止被泥土或潮湿物堵死造成粮食损失，如有堵塞要及时清理。收割作业结束后，要及时卸净粮箱存粮。

3. 可以选装智能在线检测系统，帮助提升规范作业水平

有条件的合作社及农机手，可在水稻联合收割机上装配损失率、含杂率、破碎率在线监测装置。农机手根据在线监测装置提示的相关指标、曲线，适时调整作业速度、留茬高度等作业状态参数，保持损失率、含杂率、破碎率较理想的作业状态。

（七）特殊情况下的收割办法

1. 倒伏水稻

收割倒伏水稻时应先放慢收割速度，原则上倒伏角在45°以下时，正常收割即可；倒伏角45°~60°时，应将拨禾轮位置前移，弹齿角度后倾；在倒伏角大于60°时，朝着与水稻倒伏方向相反的方向前进，同时还应调整拨禾轮位置前移且转速调至最低，调整弹齿角度后倾。

2. 过熟水稻

特别是晴天大风高温等天气时，过熟水稻因枝梗和谷粒会变干变脆，穗茎和枝梗易折断，易造成谷粒脱落损失。在收获时应尽量降低留茬高度，一般在10~15厘米。禁止使用半喂入式收获机进行机收，以减少切穗、漏穗。

3. 在湿田作业及收获潮湿水稻

遇到连阴雨天气时，要及时清理、挖好田边排水沟渠，排干田间积水，尽量做到雨止田干，最大限度地降低田间湿度。要关注作物状

态和田间泥泞程度，利用晴好天气空隙，及时收获水稻。收获时，应尽量降低作业速度，遵循少量依次的原则进行收割，不急转弯、急进、急退，不在同一位置多次转弯，尽量及时排出粮仓内的谷粒，减轻收割机的重量，防止出现陷车。

第二节　小麦机收减损技术

小麦在我国南北各地广为栽培。据国家统计局数据，我国 2023 年小麦产量达到 2 731.8 亿斤*，是我国主要的粮食作物。在看到产量巨大的同时，也应意识到，在收获环节即使降低极小的损失，也会带来极大的经济效益，这对我国粮食安全意义重大。农机手应充分认识小麦机收减损的重要性，根据小麦机收作业质量标准，严格规范开展收割作业，提高作业效率，减少收获环节损失。

一、作业前准备

（一）机具的检查与保养

通常情况下，小麦轮式联合收割机（图 9-1）喂入量较高，该型号收割机每小时可作业 10 亩左右。

为提高工作效率，减少损失，作业季节开始前，要积极开展机具的检查与保养，预防和减少作业故障，提高作业质量和效率。

一是对外观进行检查。对发动机机油、冷却液液位，仪表盘各项指示，轮胎气压，灯光，重要部位螺栓、螺母

图 9-1　PRO100 小麦轮式联合收割机

---

* 1 斤 = 500 克。

紧固情况，传动链、张紧轮、割台、机架等部件外观等情况进行检查。

二是对于运行情况进行检查。将机具打火运行起来后，认真检查机具响声，漏水、漏油、漏气情况，各操纵装置功能，各传动皮带的张紧度、离合器、制动踏板自由行程情况，以及行走、转向、制动、收割、输送、脱粒、清选、卸粮等机构的运转情况等。

三是如发现问题，要及时对机具进行整修，不能带病作业。同时要注意拆卸保养或修理后的各部分在重新安装完成后，要认真做好试运转。

四是要备足备齐田间作业常用工具、零配件、易损零配件及油料等，以便出现故障时能够及时排除。

（二）确定适宜收获时间

农机手应根据小麦田间状态、天气情况、品种特性和栽培条件以及收获面积大小等情况，确定适宜收割期，合理安排收割顺序，做到因地制宜、适时抢收，确保颗粒归仓。

小麦机收宜在蜡熟末期至完熟初期进行，小面积收获可选择在这个阶段作业，大面积收获应适当提前。如遇抢收抢种，或出现落粒、穗上发芽等情况，应适当提前。

小麦蜡熟中期下部叶片干黄，茎秆顶部全部变黄，颖壳基部仍为绿色，籽粒转为黄色，柔软有弹性，饱满而湿润，含水率 25%～30%，千粒重接近或达到最大值。蜡熟末期植株变黄，仅叶鞘茎部略带绿色，茎秆仍保持一定的弹性，籽粒黄色稍硬，内含物呈蜡状，含水率 20%～25%。完熟初期叶片枯黄，籽粒变硬，呈品种本色，含水率在 20% 以下。

（三）调整拨禾轮速度和位置

调整拨禾轮的转速，使拨禾轮线速度为联合收割机前进速度的 1.1～1.2 倍。调整拨禾轮高低位置，以使拨禾轮弹齿或压板作用在被切割作物高度的 2/3 处为宜。拨禾轮的前后位置，应根据作物密度和倒伏程度情况调整。当作物植株密度大并且倒伏时，适当前移，以增强扶禾能力。

(四) 调整脱粒、清选等工作部件

脱粒滚筒的转速、脱粒间隙和导流板角度的大小是影响小麦含杂率、破碎率的重要因素。一般调整入口与出口间隙之比为 4 : 1；可以适当减小喂入量和提高轴流滚筒转速，以减小分离损失；在保证含杂率不超标的前提下，还可通过适当减小风扇风量、调大筛子的开度及提高尾筛位置等，减少清选损失。

(五) 试割

在开始大面积收获前，一般要开展试割，作业长度以 30 米左右为宜，注意调整收割速度等参数，对照全喂入式联合收割机作业质量标准，检查损失率、含杂率等指标是否过高，以及是否存在漏割、堵草、跑粮等异常情况。如有以上问题存在，应及时查找问题，并进行必要的调整。调整完成后，应再次进行试割验证，直至符合作业质量标准。试割过程中，如发现机具存在异响等问题，应停机排除后，再开展收获作业。

二、小麦全喂入式联合收割机作业质量标准及测定方法

(一) 作业质量标准

机收作业质量应符合小麦联合收割机作业质量标准要求（表 9-2）。

表 9-2　小麦联合收割机作业质量标准

项目	指标
损失率	≤2.0%
破碎率	≤2.0%
含杂率	≤2.5%
割茬高度	普通≤18 厘米；高留茬≤25 厘米
污染情况	收获作业后无油料泄露造成的粮食和土地污染

(二) 简易测定法

在田间作业过程中的测定方法，一般推荐使用"巴掌法"。选择自然落粒少的田块，在收割机稳定作业区域，收集成人巴掌面积大小的田块上掉落的籽粒个数，结合当地的小麦千粒重（或落地籽粒称

重）和平均亩产量估算平均损失率。具体计算过程可以参照水稻收获质量简易测定方法。以小麦千粒重 45 克，亩产量 450 千克为例，按照标准损失率≤2.0%，"巴掌法"不超过 6 粒。不同小麦品种按千粒重和亩产量确定落地籽粒判定标准粒数。

三、正常收获作业

作业过程中，应根据自然条件、作物条件，及时对机具相关参数进行调整，保持联合收割机良好工作状态，减少机收损失，提高作业质量。

（一）确定合适的行走路线

在收割前，应规划好收割路线。行走路线一般分为四边收割法和梭形双向收割法，作业时尽量保持直线行驶，具体的行走方式，可参照水稻机收减损中的行走路线。同时，考虑集粮仓容积，根据作物亩产，估算籽粒充满集粮仓的作业长度，合理规划收割路径。针对较大田块，应把一块田分几块，分别进行收割。

（二）选择作业速度

收割时，要保持机具在额定转速下稳定工作，尽量避免急加速或急减速。要根据小麦产量、自然高度、干湿程度以及联合收割机喂入量等因素选择合理的作业速度，当小麦亩产量在 450 千克以上时，应选择低速挡作业，一般为 3 千米/时左右；在 400 千克左右时，前进速度可为 6 千米/时左右；在产量较低、地面平坦且小麦成熟度较好时可以适当提高速度进行收割。当小麦稠密、植株大、产量高、早晚及雨后作物湿度大时，应适当降低作业速度。

（三）调整作业幅宽

作业时，尽量满幅或接近满幅工作，保证喂入均匀，防止喂入量过高。当小麦产量过高、湿度过大时，应减小割幅，降低作业速度。

（四）割茬高度

割茬高度应根据小麦植株高度和地块的平整情况而定，一般以 10~15 厘米为宜。在保证正常收割的情况下，割茬应尽量降低，但应防止割刀切入泥土，加速切割器磨损。收获穗头下部茎秆含水率较高的小麦时，可选用双层割刀割台，以减少喂入量，降低小麦留茬高度。

四、特殊情况下的收割作业

(一) 小麦倒伏

应适当降低割茬，拨禾轮适当前移，可安装专用的扶禾器。倒伏严重时，应采取逆倒伏方向收获，拨禾弹齿后倾 15°~30°，可通过降低作业速度来减少喂入量，尽量降低损失。

(二) 小麦过熟

小麦过度成熟时，应安排在早晨或傍晚茎秆韧性较大时收割，还应适当调低拨禾轮转速，防止拨禾轮击打麦穗造成掉粒损失，同时还应降低作业速度，适当减小清选筛开度。

第三节　玉米机收减损技术

玉米机械化收获是指利用玉米联合收获机进行玉米收获，可一次完成玉米摘穗、输送、剥皮、茎秆切碎、果穗收集或籽粒收获、根茬破碎还田等作业的机械化技术。每年全国玉米产量 5 000 余亿斤，在收获环节注重规范作业等，可减少机收损失，对于保障我国粮食安全意义重大。

一、作业准备

(一) 机具的检查与保养

作业季节前，应对玉米收获机进行一次全面检查与保养，确保机具在整个收获期能正常工作。仔细检查行走、转向、割台、输送、剥皮、脱粒、清选、卸粮等机构的运转、传动、间隙等情况。如有问题，应及时进行维修，严禁农机具带病作业。经拆装、保养或修理后的玉米收获机要做好试运转。此外，还要备足备好田间作业常用工具、易损零配件等，以便出现故障时能够及时排除。

（二）田块准备

作业前，对田间有积水的，应及时疏通沟渠进行排水；了解地块中的沟渠、田埂、电杆拉线及水井等情况，并对可能妨碍安全作业的进行标记。

（三）选择合适的收获方式与适宜机型

应根据玉米品种、种植行距、成熟期等选取合适的玉米收获机。

1. 收获玉米果穗

对种植中晚熟品种和晚播晚熟的地块，玉米籽粒含水率在 25% 以上时，应采取机械摘穗剥皮、整穗烘干的收获方式，再机械脱粒。

2. 直接收获玉米籽粒

对种植早熟品种的地块，籽粒含水率在 25% 以下或东北地区白天室外气温降至 −10℃时，可利用玉米籽粒联合收获机（图 9-2）直接进行脱粒收获。

（四）机具参数调整方法

在试收开始前，应对机具参数进行调整，具体参数选择和调整方法按照使用说

图 9-2　4YZ-5AQ1 型自走式玉米收获机

明书的要求进行调整，但一般可以参照以下说明。

1. 摘穗辊间隙

根据玉米性状特点调整摘穗辊间隙，一般为待收玉米茎秆平均直径的 0.3~0.5 倍。

2. 拉茎辊之间及摘穗板之间的间隙

（1）一般拉茎辊工作间隙为 10~17 毫米，但当茎秆粗、植株密度大、作物含水率高时，间隙应适当大些。

（2）摘穗板一般前端间隙为光果穗平均直径的 2/3，摘穗板后端间隙比前端大 5 毫米。

3. 压送器与剥皮辊间距及剥皮辊的倾角

压送器与剥皮辊间距一般略小于玉米穗直径；剥皮辊倾角一般取 10°~12°。

4. 脱粒、清选等工作部件

在保证破碎率、含杂率符合要求的条件下，可适当调整各工作部件。如可通过适当提高脱粒滚筒的转速、减小滚筒与凹板之间的间隙等措施，提高脱净率；可通过适当减小风扇转速、调大筛子的开度及提高尾筛位置等，减少清选损失。

（五）试收

正式收获作业前，应采取正常作业速度，试收 30~50 米后停机，检查籽粒损失、破碎、含杂等情况，确认有无漏割、堵塞等异常情况。在检查损失时，应明确收获损失的种类，包括清选损失、脱粒损失、割台损失、剥皮磕粒损失等，然后进行针对性调整。调整后再进行收获验证，直至达到收获质量标准要求（表9-3）。

表 9-3 玉米收获机作业质量标准

项目	指标	
	果穗收获	籽粒收获
总损失率	≤3.5%	≤4.0%
籽粒破碎率	≤0.8%	≤5.0%
苞叶剥净率	≥85%	—
含杂率	≤1.0%	≤2.5%
污染情况	收获作业后无油料泄露造成的粮食和土地污染	

二、收获作业技术

（一）确定适宜的收获期

玉米收获时期因品种、播期及生产目的而异。一般来说，玉米完熟的特征如下。

一是果穗变黄，果穗苞叶干枯变黄而松散。

二是籽粒脱水变硬乳线消失。

三是籽粒基部（胚下端）出现黑帽层。

（二）合理确定行走路线及作业速度

1. 确定行走路线

收获机作业时务必保证机器沿玉米种植行的方向行进。转弯时应停止收割，采用倒车法转弯或顺时针兜圈法直角转弯，不要边收边转弯。

2. 确定合理的作业速度

通常情况下，开始时先用低速收获，然后适当提高作业速度，一般为 4～6 千米/时。保证前进速度与拉茎辊转速、拨禾链速度同步，减少割台落穗损失。当遇有玉米稠密、植株大、产量高、行距不规则、地形不平整等情况时，应适当降低作业速度。当玉米过度成熟时，收获应适当降低前进速度，也可安排在早晨或傍晚茎秆韧性较大时收割。

（三）调整作业幅宽

收获作业时，尽量接近满幅收获，提高作业效率。但当负荷较大时，应适当减少收获行，并降低收获速度，保证作物喂入均匀。防止喂入量过大，影响收获质量。

（四）保持合适的留茬高度

留茬高度还应考虑玉米的高度和地块的平整情况以及下茬作物种植技术模式等情况。一般留茬高度要小于 10 厘米，也可高留茬到 30～40 厘米，后期再进行秸秆处理；采用保护性耕作技术的区域，收获时留茬高度尽可能控制在 10～25 厘米。

（五）规范作业

应在收获过程中，定期检查损失率、剥净率、含杂率和破碎率等作业质量，根据作业质量及时调整脱粒清选等工作部件。

作业中农机手应随时观察收获机作业状况，发生漏收、喂入量过大等情况时，要及时停机检查。

农机手应经专业培训，并熟练掌握转弯、收获、行走、卸粮等操作要领。

机具作业过程中，要保证机具运转的连续性，不要随意停车，以减少再次启动时果穗断裂和籽粒破碎的现象。

三、特殊地块的收获技术

（一）收获倒伏玉米

可采用逆向收获方式进行收获作业，同时应适当降低收获速度，及时清理割台。对于倒伏方向不一致的玉米植株宜采取往复对行收获作业方式。作业时还应停用秸秆还田装置，防止漏收的玉米果穗被打碎。有条件的，可在割台上加长分禾器尖或加装倒伏扶禾装置。此外，玉米倒伏倾角大于60°时，收获机割台加装链式辅助喂入等辅助喂入装置。

（二）收获过湿地块玉米

在收获开始前，低洼地块应及时排水，增加晒田时间。如急需抢收，宜采用履带式玉米收获机。如果没有履带式收获机，也可进行以下改装。一是将轮式玉米收获机改造为半履带式玉米收获机；二是将履带式谷物联合收割机更换为玉米专用割台，同时调整各项机具参数，以满足要求。

四、收获后处理技术

玉米籽粒含水率如未达到贮存要求，应及时烘干，一般可选用循环式烘干机等进行烘干。如收获的是玉米果穗，应先离地储存或晾晒，通风降水，待籽粒含水率降至25%以下或进入冬季果穗结冻后，再脱粒并烘干。烘干时，玉米的烘干温度设定要根据玉米用途确定，一次降水幅度应控制在18%以内，以降低玉米裂纹率和干燥不均匀度。烘干后，玉米色泽气味应无明显变化，无热损伤粒、焦糊粒。

第四节　大豆机收减损技术

大豆是我国重要粮食作物之一，已有5 000年栽培历史，是一种含有丰富植物蛋白质、用途广泛的农作物。在适于大豆机械化收获的条件下，应选择与大豆种植行距、适宜收获方式对应的收割机。在适宜收获期，按照操作规程进行收获作业，并严格对照大豆机收作业质量标准，减少收获环节损失，提高生产作业质量和效率。

一、作业前机具准备

在大豆收获季前，要对机具进行调整、检查和保养，以便于收获作业顺利进行。

（一）机具调整

一般首选专用大豆联合收割机，没有时可考虑对谷物联合收割机进行调整，主要是更换关键作业部件和变更作业参数，以满足大豆机械化收获的要求。

1. 使用大豆专用割台

更换为适合大豆收割的挠性割台，并调整拨禾轮的位置。调整割台位置，使割刀离地高度 5～10 厘米。

2. 调整脱粒滚筒和凹板筛

脱粒滚筒与凹板筛在结构、尺寸上应匹配，确保脱粒间隙在 30～35 毫米。中小型联合收割机、大型联合收割机一般建议分别采用闭式弓齿脱粒滚筒、"纹杆块＋分离齿"式复合脱粒滚筒。凹板筛建议采用圆孔凹板筛。

3. 调整清选、籽粒输送系统

清选系统方面，以调整风机转速、清选筛开度等清选作业参数为主，有条件的可在筛面安装逐稿轮；更换适合于大豆低破碎的输送系统；可采用勺链式升运器；复脱搅龙可采用尼龙材质搅龙。

（二）机具检查

作业季开始前，应根据机具说明书做好机具的检查与保养，并对发现的问题及时进行维修。同时，还应检查备足机具维修常用工具、零配件等，以便出现故障时能够及时维修排除。

（三）试割

正式开始作业前要选择 50 米左右的行进长度进行试割。对照作业质量标准仔细检测损失率、破碎率、含杂率，有无漏割、堵塞、跑漏等异常情况，并视情况对拨禾轮位置、拨禾轮转速等参数进行调整。参数调整完成，应检查调试后，再进行试割，直至符合收获质量要求为止。

二、确定适宜收获期

使用联合收获时的最佳收获期在黄熟后期至完熟期之间，其特征为大豆叶片全部脱落，豆粒变圆，摇动大豆植株会听到清脆响声。在黄熟后期，一般大豆籽粒含水率在20%左右，茎秆含水率50%左右。采用分段收获方式的最佳收获期为黄熟期，其特征为大部分叶片脱落，籽粒开始变黄，少部分豆荚变成原色。在适宜的收获期，大豆的收获一般应该选择一天中的早、晚时间段进行。

三、减少机收损失的措施

作业前要做好机具的调整、检查和保养，确保机具状态良好，严禁带病作业。作业中，要注意观察作业质量是否符合作业标准，如有异常，应立即停车检查，直至解决，再进行收获作业。

（一）了解作业环境

作业前，可大致了解田块的平整程度和泥脚情况，重点关注可能会造成机具工作不稳定的区域。此外，还应对田块中可能影响割台工作的异物，如石块等进行清理或标记。

（二）确定作业参数

在大豆收割机作业前，根据含水率、喂入量、破碎率、脱净率等情况，调整机器作业参数。同时要注意，一天之内豆秆和籽粒的含水量变化很大，应根据实际的含水量和脱粒情况及时调整作业参数，降低损失率。

1. 联合收获方式

采用联合收割机直接收获大豆时需注意以下几点：①视含水率情况，调整拨禾轮转速。早期的豆秆含水率较高，拨禾轮转速可适当提高，晚期转速则需要相对降低。②保证割刀锋利，割刀间隙符合要求，以减少割台对豆秆的冲击和拉扯，避免炸荚损失。③以不漏荚为原则，一般要求割茬高度在5厘米左右。④脱粒滚筒转速一般为600转/分左右，脱粒间隙30~35毫米。⑤机收作业损失率≤5%，含杂率≤3%，破碎率≤5%，茎秆切碎长度合格率≥85%，要求割茬不留底荚，不丢枝，收割后的田块应无漏收现象。

2. 分段收获方式

收割过程中，要做到底荚割净、不漏割，以减少损失。同时要注意豆秆铺放连续不断空，豆秆间相互搭接，堆放厚薄尽量均匀。铺放晾晒5~10天，籽粒含水量降至15%以下后，要及时进行捡拾脱粒作业。分段收获方式要求综合损失率不超过3%，拾禾脱粒损失不超过2%，收割损失不超过1%。

（三）割道及行走路线

作业前，应人工对地块四角进行收割，沿机具前进方向割出一个机位，然后由收割机开出余下割道。对于规划齐整的田块，可以把几块田连接起来开好割道，再分区收割，提高收割效率。

在收获作业中，经常采用的行走路线有以下两种：四边收割法和梭形双向收割法。可根据作业习惯以及田块情况，由农机手自主进行选择。

（四）作业速度

机具行进过程中，应尽量保持机具运行平稳，要注意：①尽量直线收割，且不急加速、减速；②地头作业转弯时，要保持作业速度，防止造成清选损失；③禁止边割边转弯，防止转弯过程中造成漏割，增加损失；④受含水率及杂草等影响，造成喂入量大时，应降低前进速度，避免出现堵塞和大豆含杂率过高等情况。

（五）特殊情况下的作业

1. 收割潮湿大豆

收割潮湿大豆，一般出现在季节性抢收中。为降低清选等各环节损失，作业过程中要关注机具负荷情况，通过作业速度、幅宽、留茬高度等适时进行调整。同时还应经常检查清理凹板筛、清选筛等筛面，防止堵塞。

2. 收割倒伏大豆

应放慢作业速度。同时根据大豆倒伏的角度及方向，确定收获机具行进方向，倒伏角小于45°时顺向作业；45°以上时采用逆向作业。

也可通过安装扶倒器和防倒伏弹齿等装置，尽量减少倒伏大豆收获损失。

（六）作业注意事项

收割过程中，应对行尽量满幅，避免行走造成大豆抛撒损失；注意作业挡位及留茬高度等的选择，保持喂入量的稳定，使机器在额定负荷下工作；作业过程中，要时刻注意损失率及破损率等情况，发现问题，应及时停机检修；工作一定时间后，要注意检查清选筛等的筛面，如有堵塞要及时清理；装有损失率等在线监测装置的，应根据机具提示及作业曲线，及时调整作业参数，降低大豆损失率、含杂率等。

第五节　油菜机收减损技术

一、作业前准备

（一）选择合适的机具及检查调试

1. 选择合适的机具

成熟度一致、植株高度适中、倒伏少、裂角少的油菜品种，可使用联合收获机进行收获作业。该方式有作业效率高的特点，但相对来说损失率高。对田块较大的油菜，以及植株高大、高产的移栽油菜，可采用分段收获的方式。分段收获需要两次作业，分别为割晒和捡拾脱粒作业。这种方式的特点是适应性好、适收期长、损失率低，但增加了劳动强度及作业成本。

2. 检查调试

在作业前，对收割机要认真检查调试，避免带病作业，影响工作效率及作业安全。机具的动力、传动部件等的基本检查按照一般农机具的维修保养方法开展即可，其中需要特别注意的是要对机具籽粒输送部位的间隙进行检测，以避免漏籽粒。此外，要备足备好田间作业常用工具、零配件、易损件及油料等，以便出现故障时能够及时排除。

（二）选择最佳收获时机

油菜成熟后，角果易爆裂落粒，应尽量安排如早晨、阴天、傍晚等空气湿度相对高的时间段进行收割。此外，还要注意根据不同的油菜收割方式，确定适合该收割方式的适宜收获期。

1. 联合收获

联合收获的最佳收获期是在黄熟期后至完熟期之间，这个时间段内，同一田块绝大多数油菜角果变成黄色和褐色，籽粒含水率降低到25%以下，主分支向上收拢，此后的 3~5 天内即为最适宜收获期，应及时开展收获作业。

2. 分段收获

分段收获的收割作业最佳收获期为黄熟期，田块内大多数油菜角果颜色由绿变黄，此后一周可及时进行油菜收割作业。一般晾晒时间为 7 天左右，遇有降水时，应适当增加晾晒时间。经过晾晒，籽粒和茎秆含水率显著下降，籽粒含水率到 15% 以下，油菜籽粒变成黑色或褐色，此时应进行捡拾脱粒作业。

（三）试割

在适宜收割时间段，开展试割，一般以 50 米左右为宜，对照作业质量标准，仔细检查损失率、含杂率、破碎率等作业效果，以及是否有漏割、堵塞等异常情况。如有问题，应对作业速度和相应部件进行调整，如拨禾轮转速和位置等。

（四）作业部件的调整

根据试割情况，对作业部件进行调整，完成后再进行试割并检查，直至达到质量标准和农户要求为止。当作物长势、田块泥脚深度等情况发生变化时，要重新试割和调试机具。

1. 拨禾轮

要根据油菜的长势，合理调整高低位置。其前后位置要调到最后，形成最大收割张角。为减少对油菜角果的撞击，应将拨禾轮上的弹齿去掉。拨禾轮的转速应根据作业速度适当调整，降低转速。

2. 脱粒滚筒

滚筒转速和凹板筛脱粒间隙的调整主要依据油菜成熟情况和脱粒

效果。在保证脱净率的前提下，可适当降低脱粒滚筒转速、调大凹板筛脱粒间隙，尽量减少油菜籽的破碎率。

3. 清选风机及清选筛

清选部分主要影响的是油菜籽风选部分的损失率和清洁度。清洁度过高时，损失率会增加，反之亦然。清选风机部分，是通过调整进风口调节板或风机转速合理调整清选风机风量。清选筛部分，是通过调整上筛、尾筛和下筛筛片开度来调整损失率的。①清选上筛筛片开角一般应小于35°，在保证清洁度的情况下，开度可尽量调大。②清选筛尾筛部分。当籽粒不易脱净，如籽粒含水率较高时，应将尾筛的开度应适当调大，使部分未脱净或夹带籽粒的秸秆再次脱粒。当易于脱粒时，应将尾筛适当调小，以减小杂余量。③下筛的开度应调小以保证油菜籽的清洁度。

二、收获作业

操作油菜籽收割机具的农机手应经过专业的培训，熟悉油菜收获的基本要领及油菜收获的质量标准。作业过程中，农机手要注意观察机具运行情况，对照质量标准，及时检查油菜籽损失率、清洁度等作业质量情况。发现有损失、破碎率增大或异常出现时，应停机进行排查，修理调整后，要进行收割验证，确保机具工作正常。收割机上装有损失率、含杂率、破碎率在线监测装置的，农机手还应掌握在线监测装置的使用方法，可以根据相关指标，适时调整作业速度、喂入量、留茬高度等作业状态参数。

（一）收获机具的调整技术及作业质量要求

油菜收获方式分为联合收获和分段收获。

1. 联合收获

（1）机具的选择与调整。一般应选择油菜籽联合收获机，如果没有，也可对水稻等联合收割机进行加装和调整，以符合油菜收获的需要，降低收获损失。加装侧竖割刀，适当加长割台，更换清选上筛，对脱粒滚筒转速、凹板筛脱粒间隙、清选风机风量等进行调整。

（2）收获要求。割茬高度一般在20厘米左右。联合收获作业质量要达到总损失率≤8%、含杂率≤6%、破碎率≤0.5%，田块无漏收。

2. 分段收获

（1）割晒作业。使用油菜割晒机进行割倒并有序铺放。割晒铺放要求厚薄一致，有序铺放无漏割。

（2）捡拾脱粒。割后一周左右，油菜籽粒颜色由绿色转为黑色或褐色时，应及时进行捡拾脱粒作业。在没有捡拾联合收获机的情况下，也可人工捡拾放入油菜脱粒机进行脱粒，人工成本和损失会相应增加。油菜分段收获作业质量标准为：总损失率≤6.5%、含杂率≤5%、破碎率≤0.5%。

（二）开出割道及选择行走路线

1. 开出割道

正式作业前，应开出割道，减少机具下田及转弯时机身接触油菜造成损失。割出割道的方式，与收获其他作物时一致。

2. 选择合适的行走路线

长和宽相近、面积较大的田块，可选用四边收割法；长宽相差较大、面积较小的田块，可选用梭形双向收割法。

（三）选择作业速度

机具作业速度只能选择中低挡速度，保持作业速度稳定，尽量保持机器直线行走，避免边割边转弯压倒部分油菜造成漏割，增加损失。

（四）特殊情况下的收获

倒伏油菜收割时，应安装扶倒器装置，将拨禾轮位置前移，降低作业速度和割台高度，逆向或侧向作业。

三、油菜籽收获后的处理

分段收获的油菜籽含水率相对较低，在10%以下的，可以直接存放。联合收获后的油菜籽一般含水率较高，应及时晾晒，如遇阴雨天气，应积极开展集中烘干作业，将含水率降低到8%以下，可以长期存放，减少因保存不当造成的损失。

第六节　花生机收减损技术

我国花生机械化收获正处于快速发展期，相比主要粮食作物，我国花生机械化收获还处于较低水平，经历了从分段收获到联合收获的发展历程。近年来，花生种植经营者多采用花生收获（挖掘）机和捡拾摘果联合收获机进行分段收获，也有部分地区使用花生联合收获机一次性完成挖掘、输送、清土、摘果、清选、集果作业。相比谷物的机械化收获，花生机械化收获环节的损失率、破碎率等指标受土壤、植株情况以及农机手的熟练程度、经验等多个因素影响，更易出现损失。因此，农机手在花生机械化作业中，更应按照机械化减损技术要求，认真开展作业，减少机收环节损失。

一、作业前准备

（一）作业机具的选择及检查调试

1. 作业机具的选择

应根据当地土壤条件、经济条件和种植模式，选用适宜的花生收获方式。

（1）分段收获方式。分段收获方式适合山丘小地块作业，对于湿度适宜的岭沙土、沙壤土和壤质土种植的花生，收获效果良好。在丘陵坡地，可采用花生挖掘机挖出花生，人工捡拾，机械摘果清选，但一般提倡使用花生收获机将花生挖出、抖土、铺放，然后使用捡拾摘果联合收获机，完成果秆分离并装袋。

（2）联合收获方式。4HD-4型花生联合收获机（图9-3）可一次性完成2垄4行花生的挖掘、输送、清土、摘果、清选、集果作业，工作效率较高。联合收获机的选择应与前期播种形式相匹配。

2. 作业机具的检查调试

在正式作业开始前，应积极进行常规检查，包括对农机的全面清理，零件的调整和加固，机动部件的润滑等，特别是检查重要部位，如悬挂装置螺栓、轮胎紧固螺母、螺母等有无松动。如发现问题，要

4HD-4型花生联合收获机

图9-3 自走式花生捡拾收获机与花生联合收获机

及时进行整修。同时要注意拆卸保养或修理的各部分再重新安装后，要认真做好试运转。此外，要确定机具的维修点，要提前备足备齐田间作业常用工具、易损零配件等，以便出现故障时能够及时排除。

（二）确定适宜的收获期及机械化收获条件

花生适宜的收获期为一般当花生植株顶端停止生长，上部叶片变黄，基部和中部叶片开始脱落，大部分荚果果壳硬化，网纹清晰，种皮变薄，种仁呈现品种特征时，即可收获。花生收获过早，会影响产量和质量；收获过晚，落果严重，增加劳动强度，机械化作业时容易出现地下漏果。

同时，开展机械化收获还应结合土壤和气候条件来确定。土壤含水率一般在15%左右时，土壤松散，可以进行花生收获机械化作业。收获期要避开雨季，当土壤含水率过高，机械化作业阻力大、功耗大，容易出现杂质去除不净、碾压耕地等情况。如出现土壤含水率过低而板结时，花生漏果较多，机械作业难度大。可通过灌溉补墒，调节土壤含水率后再机械化收获。

（三）试收

在适宜机械化收获的条件下，应先开展试收，符合收获作业质量标准之后，再进行大面积作业。试收一般以50米左右为宜，试收结束后，要检查损失率、含杂率、破碎率等作业质量。无漏油污染，作业后地表较平整、无漏收、无机组对作物碾压、无荚果撒漏。如有问题，应注意调整行进速度、筛选系统的风量、捡拾器弹簧钢丝位置等作业参数。

二、减少机收环节损失的技术要点

作业过程中，要严格执行作业质量要求，随时查看作业效果。如出现损失变多等情况，要及时调整机具参数，使机具保持良好状态，保证收获作业低损、高效。

（一）收获机具作业参数及作业质量要求

1. 分段收获

先采用花生收获机挖掘、抖土、铺放，其中沙性土壤适合花生有序铺放收获，黏重土壤适合花生挖掘无序铺放收获，土壤条件较差的可选用带压辊的花生挖掘铺放收获机械。经过 4 天左右的晾晒后，待荚果含水量降到 15% 左右时，再用捡拾摘果联合收获机一次性完成捡拾、摘果和清选。捡拾器弹簧钢丝应尽量贴合地面，允许入土 10~20 毫米。捡拾器弹簧钢丝齿排应保持均匀一致；捡拾台底板设有漏土孔，如有严重堵塞时应及时清理，保持畅通。

作业质量要求：总损失率 5% 以下，埋果率 2% 以下，挖掘深度合格率 98% 以上，破碎果率 1% 以下，含土率 2% 以下；无漏油污染，作业后地表较平整、无漏收，无机组对作物碾压，无荚果撒漏。

2. 联合收获

联合收获作业效率高，可达 2~3 亩/时。花生联合收获机在采收过程中，应沿着花生垄沟的方向进行收割。低转速情况下，应逐步提升收获机转速，并保持在 1 800 转/分左右，确保收获机稳定运转。应根据花生长势、土壤条件等确定作业速度，一般以 0.6~1.0 米/秒为宜。但当田间花生种植密度、产量较高，花生秧高度较高时，应适当降低作业速度进行采收。结合花生的实际长势情况，注意调整限深操作手柄，使其符合花生高度。在地头转弯时，先升起收获架，踩下离合器踏板，不要急于降低油门，待输送系统、摘果系统工作完全结束后，再进行转弯、掉头并收获下一行。

半喂入式花生联合收获机作业质量要求：总损失率 3.5% 以下，

破碎率 1% 以下，未摘净率 1% 以下，裂荚率 1.5% 以下，含杂率 3% 以下。无漏油污染，作业后地表较平整、无漏收，无机组对作物碾压，无荚果撒漏。

全喂入式花生联合收获机作业质量要求：总损失率 5.5% 以下，破碎率 2% 以下，未摘净率 2% 以下，裂荚率 2.5% 以下，含杂率 5% 以下；无漏油污染，作业后地表较平整、无漏收，无机组对作物碾压，无荚果撒漏。

（二）规范作业操作

花生收获机正式作业前，应开出割道，减少机具碾压造成损失。割出割道的方法，与收获其他作物时一致。在机具进入地头时，应首先拉动转向手柄或转盘，对准花生位置，再进行挖掘、夹持等操作。作业时，辅助人员应随时观察花生收获质量，发现问题，要及时通知农机手停机排除。要经常清理缠绕在输送链等部位的花生蔓和杂草。在清理杂物和维修时，必须停止发动机运转，并拔下发动机钥匙。进入捡拾台下面必须使用安全卡套锁定后进行。此外，农机手还应熟练掌握花生收获机的操作要领，能够按照操作说明书的要求完成相应的收获环节，同时应掌握基本的维修方法。

（三）特殊情况下收获

在收获期前，如出现持续降雨时，应抓紧排水，修缮花生田排灌设施，清理、挖好田边排水沟渠和田间三沟（垄沟、支沟、主排水沟），确保沟沟相通、排水通畅，抓紧排水降渍。在花生成熟时，抢抓晴好天气适期收获，抢收晾晒，以便及时入库储藏。遇有植株倒伏时，可选择逆倒伏方向进行收获。

三、收获后处理及保存技术

收获后，视花生含水率情况，及时采取将花生果摊薄晾晒，与干燥设备配套等有效措施，防止堆捂导致霉变。入库储藏要达到安全水分（籽仁≤8%，荚果≤10%）的标准，低湿隔潮储藏，防止黄曲霉毒素污染。同时要做好产销衔接，减少不必要的经济损失。

第十章

农用无人机植保技术

第一节　农用无人机

农用无人机是指为农业生产过程提供农作物病虫害防治、种子撒播、肥料撒播、饲料撒播等服务的无人驾驶飞机，由飞行平台与喷洒系统组成，通过地面人员遥控或设定自主飞控模式来实现作业，可以完成农药喷雾、促进授粉、精量施肥、播种等作业。相对于传统的人工农药喷洒方式具有效率高、节水、省药、操作安全的特点，是保障农业增产增收的有力武器。我国农村土地较为分散，丘陵地形多，农用无人机非常适合中国的实际农业生产情况。随着城镇化的快速发展，大量的农民进入城市成为城镇居民，农村的土地流转速度逐步加快，这为农用无人机的发展提供了更为广阔的天地。

农用无人机按飞行平台的结构类型分类，可分为固定翼无人机、旋翼无人机（图10-1）、无人飞艇、伞翼无人机、扑翼无人机等。目

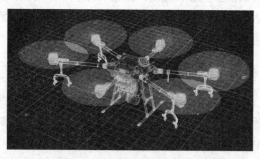

图10-1　多旋翼无人机工作效果图

前，国内开展农业植保作业的无人机以旋翼无人机为主，下面主要讲解多旋翼无人机的结构和使用保养技术。

一、农用无人机的主要结构

农用多旋翼无人机主要由飞行平台（机身）、遥控器、电池系统和任务设备（喷洒和播撒系统）等组成（图10-2）。

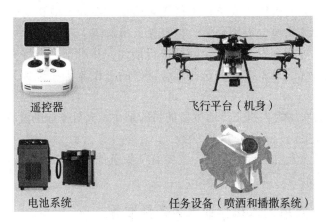

遥控器　　　　　　　飞行平台（机身）

电池系统　　　　　任务设备（喷洒和播撒系统）

图10-2　农用无人机的主要构成

农用无人机的飞行平台也就是指整个机身，是飞行器的基本框架，它搭载着无线操作系统、动力系统、飞行控制系统等控制设备以及喷洒系统等任务设备。

二、农用无人机各主要组成部分的功用

农用无人机的无线操作系统、动力系统、飞行控制系统这3个系统共同实现了无人机的各种功能运用。

无线操作系统是地面设备对无人机进行远程通信和控制的重要保证。

动力系统能够使无人机获得上升动力，是整个无人机的动力核心。

飞行控制系统是整个无人机系统的核心，能够实现无人机的稳定

悬停、飞行、控制喷洒作业等功能。

喷洒系统和播撒系统是承载设备，但喷洒系统和播撒系统是进行飞防植保作业的具体实施设备。

第二节　农用无人机飞行前准备

农用无人机操控人员在进行飞防植保作业前，应该对影响安全飞行的天气状况、周围环境，以及无人机起飞、降落过程中所需要注意的、可能会发生的安全问题进行预判，并对预判做好充分的处置突发情况的准备工作。这些准备工作的工作流程，也称为飞行前准备。

开展农用无人机飞行前准备的目的是在无人机作业的过程中防止事故的发生。

农用无人机飞行前准备，主要有气象条件准备、操作人员准备、作业环境准备、无人机准备等。

一、农用无人机作业气象条件准备

气象条件是指发生在天空中的风、云、雨、雪、霜、露、闪电、雷等一切大气的物理现象引起的水热条件。包括气压、气温、湿度、风速、风向、日照等多种条件。

不适宜的气象条件，不仅会使无人机作业时的危险系数增大，还会直接影响作业效果。所以，为了保证安全作业和达到最佳的防治作业效果，应该选择在合理的气象条件下开展作业。

农用无人机最适宜的气象条件如下。

无降水，晴天为宜。

气温以 5~35℃ 为宜。

湿度在 40% 以上。

风速在 3 级以下。

二、操作人员准备

1. 操作人员应该做好自身防护

无人机操作人员应穿戴遮阳帽、口罩、护目眼镜、防护服，地勤在此基础之上还应戴上合适材质手套，以避免手部沾染农药。

2. 操作人员的身体条件准备

（1）不得在酒后操作农用无人机。

（2）哺乳期妇女、孕妇、手部皮肤损伤者禁止操作农用无人机。

（3）患有影响安全操作的疾病或者身体残疾者禁止操作农用无人机。

三、农用无人机作业环境准备

察看四周是否有树木、电线杆、高压线、斜拉索等障碍物，并进行相应的规避处理。

注意观察四周特别是下风向是否存在对当前所使用药剂敏感的农作物、养殖物，避免雾滴飘移产生药害或者毒害。

注意观察四周特别是下风向是否存在有水源地、鱼塘、河流、水库，避免对水源产生污染。

起降点应选择空旷、人员比较少的区域，禁止在公路、广场等人员众多区域进行起降。防止无人机与人员、车辆等发生碰撞。

四、农用无人机准备

按操作规程正确展开农用无人机。飞行前检查做得越仔细，无人机发生飞行安全问题的概率也就越低。

检查遥控器电量应充足、天线应展开并且正确朝向飞行器（图10-3）。

确认摇杆模式是自己平常所使用的模式。

执行界面检查。执行界面显示搜星数量、手动作业背景以及其他需要注意的方面均显示正常。

遥控器天线顶部和底部信号最差，避免天线指向飞行器

图10-3 天线展开并正确朝向飞行器

第三节 农用无人机维护保养技术

农用无人机是一个高度自动化和集成化的飞行系统，在经历长时间、高强度的作业后，农业用无人机的一些零部件或者配合件由于松动、变形、磨损、疲劳、腐蚀等原因，会出现老化、损伤等现象，逐渐降低或丧失工作能力，使整机的技术状态失常。另外，电池、润滑油等工作介质也会逐渐消耗，使无人机的正常工作条件遭到破坏，加剧整机技术状态的恶化，从而影响作业效率和效果，甚至带来安全隐患。因此，无人机的操控人员不仅要按照正确的方式操作和使用，更重要的是要做好对无人机的日常检查、维护和保养。

无人机的操控维护人员对无人机各部分进行清洁、检查、润滑、紧固、调整或更换某些零部件等一系列技术维护措施，总称为技术保养。

做好维护保养工作，可使无人机经常处于完好技术状态，延长其使用寿命，及时消除隐患，防止事故发生。因此，必须按规定程序经常检查无人机的技术状况并切实做好维护保养工作。

一、农用无人机进行维护保养过程中应该注意的事项

一是在无人机飞行后将零部件和工具归位，以防止再次飞行时零部件和工具缺失。

二是在飞行后要对无人机进行全面彻底的检查，及时发现在使用

中造成的损坏并修复。

三是重要的设备部件需要定期检修，避免因长时间使用造成的损坏。

二、农用无人机的存放

农用无人机应存放在室内通风、干燥与不受阳光直射的地方。存放室内温度在 18~25℃，不高于 30℃。

由于农用无人机许多部件是用橡胶、碳纤维、尼龙等材质制造，这些制品受空气中的氧气和阳光中的紫外线作用，易老化变质，因此不要将农用无人机放在阴暗潮湿的角落里，也不能露天存放。

要确保存放环境无虫害、鼠害，也不能与化肥、农药等腐蚀性强的物品堆放在一起，以免农用无人机被锈蚀损坏。管路橡胶件受腐蚀后会膨胀、开裂，影响使用安全。

三、农用无人机的维护保养技术

农用无人机的维护保养主要包括以下几个方面。

（一）整机外观保养技术

在执行飞行作业后，将湿布拧干，擦拭农用无人机表面，除去机身上面的药渍与脚架的泥土。

检查机臂是否有裂痕、变形，展开机臂，检查套筒及锁紧位置的螺纹是否有磨损。

检查外置天线是否紧固、机头上方的模块是否松动。

检查无人机上盖前方的空气过滤罩，并及时清理。

检查脚架与机身框体是否存在松动现象。

检查雷达外壳是否破损，雷达支架安装是否牢固。

分电板长期作业后会产生黑色氧化物，应使用棉签蘸酒精进行擦拭。对于出现绿色铜锈应尽快擦除，如果绿色铜锈扩大应尽快更换分电板。

（二）遥控器的保养技术

作业完后将遥控器天线折叠，使用干净的湿布（拧干水分）擦拭遥控器表面及显示屏。

遥控器需定期擦拭，避免灰尘等积累，保证遥控器外观洁净。

遥控器不使用时，需将遥控器天线折叠收纳，避免折断天线。

检查遥控器外置电池与遥控器的接口处是否存在药液、灰尘，若有需要及时清理。遥控器外置电池存放时需不满电但不低于两格电存放，禁止满电或低电量存放。

（三）螺旋桨的保养技术

使用拧干的湿抹布认真清理螺旋桨叶片、固定螺丝表面的农药残留，并用干布抹干水渍。在清洁桨叶时，应抓住桨叶末端，向下或向上微微抬起桨叶，检查桨叶有无裂纹，及时更换有裂纹的桨叶，注意桨叶需成对更换。

检查桨叶垫片是否存在磨损情况，若磨损严重，及时更换新的桨叶垫片。转动桨叶，检查桨夹是否存在松动的情况，若松动需要拧紧桨叶固定螺丝。

（四）电机的维护与保养

因农用多旋翼无人机的电机有多个，所以在维护保养电机时，应按照一定的顺序，逐个检查，防止遗漏。

在检查电机时，应转动电机转子，检查电机是否存在卡、顿、堵转等情况。

轻微用力向上垂直拉动电机转子，检查电机转子是否存在松动。

水平左右晃动电机，检查电机和电机底座与机臂的连接是否牢固，建议取下黑色电机保护罩，检查固定电机底座的螺丝是否松动，电机底座与机臂的限位模块是否磨损。

避免无刷电机长期在高温环境中工作。电机长期处于高温环境，将对无刷电机的各个系统造成损伤。有些磁铁不耐高温，在接近其耐温极限时，会发生退磁现象。退磁后电机磁性下降，扭矩下降，电机性能会受到不可逆的损伤。高温环境会使轴承内部润滑油发生挥发，从而加速磨损。

避免电机进水，应保持内部干燥。进水将有可能导致轴承生锈，加速轴承磨损，降低无刷电机寿命。另外，硅钢片、转轴、电机外壳若进水也都有生锈的可能。

定期检查电机轴承磨损情况。如果声音带杂音，并且有类似有沙子在内部的杂音，则轴承有损伤需要更换。

定期检查电机的动平衡情况。正常的电机转动有较轻微的振动，如果电机动平衡失效，则电机振动较大，产生高频振动。

（五）电池的维护保养

用湿布拧干清理电池、充电器外观，再用干布擦干水渍，电池需定期用棉签蘸酒精清理金属接触簧片，四通道充电器需定期清理散热口灰尘。对于锂电池插口出现融化、绿色铜锈等各种情况应及时进行清洁，避免插口融化。应关注电池插口的健康状态。

检查电池外观是否正常，若外壳破损、变形、漏液，请联系售后处理，切勿再使用或自行处理。

检查电池与电池座的金属簧片若出现少许发黑情况，及时用棉签蘸酒精擦拭，若大面积发黑，请及时更换。电池不防水，切勿用水直接冲洗或泡水清洗。

电池使用时，农用无人机的载重不应该超过额定载重量。

作业时，电池剩余 30% 电量及时返航充电，若继续使用，多次过放，将严重影响电池寿命。

电池在存储时应该注意的事项：①应将电池电量保持在 40%～60%，严禁低电量长期存储，否则可能造成电池性能不可逆的损坏；②损坏的电池应单独存放，避免混放；③电池应存储在干燥的环境当中，避免放置在漏水、潮湿的区域。

电池在运输时应注意的事项：①严禁将电池放在暴晒下的封闭车厢内，车内高温有可能导致电池自燃；②外形严重变形的电池不能使用，更不能放在车辆内运输；③运输时，禁止叠放，应有序存放在电池箱内。

（六）充电器的维护保养技术

做好充电器日常清洁，保证充电接头完好。

充电器在工作时会产生一定的热量，应保持充电器散热通道畅通。

在充电时，应保证充电电流不大于充电器最大输出电流。也就是电池的充电功率不应大于充电器的最大输出功率。

在充电完成后，应先结束充电再断开电池插头。

（七）喷洒系统的维护保养技术

1. 喷洒系统的检查

取下水箱，观察密封圈是否有较大变形，密封面是否破损，若有，请立即更换，否则会造成进空气等故障。

拆下水箱下部旋盖，取下滤网和对应密封圈，检查滤网是否堵塞，对滤网进行清洗。

检查喷嘴雾化情况，如出现雾化不佳应彻底清洁或更换新喷嘴。

检查喷洒系统（水箱、水泵、流量计等）几处管道接头处是否松动，管道是否有破裂，若有破损，请立即更换，否则会造成进空气等故障。

观察泄压阀是否渗水，若存在问题，及时更换两处的密封垫片。

检查水箱内部的两个液位计，使用清水进行清洁并检查是否有腐蚀现象。

2. 药箱、水泵、管路清洗

外部清洗，使用湿布擦拭药箱、水泵、喷杆等喷洒系统部件，然后用干布擦干水渍。

内部清洗，在药箱中加入清水并开启喷洒，多次清洗喷洒系统内部。

3. 喷嘴、滤网清洗

喷嘴、滤网可用细毛牙刷清洗，清洗完毕后应将喷嘴、滤网放入清水中浸泡一段时间。

（八）撒播系统的检查与维护技术

1. 撒播系统的检查

检查作业箱与播撒机连接是否松动，若存在松动情况则需要更换箱锁键。

把作业箱与播撒机分离，检查播撒机各部件（霍尔元器件、搅拌棒、减速箱、甩盘主体、播撒盘），使用软毛刷清理表面附着物，不建议使用清水直接冲洗播撒机。

分离播撒机播撒盘，检查播撒盘。如存在明显磨损，需要及时更换播撒盘。

播撒系统出厂时已完成校准，可直接使用。若使用时出现以下情况，则用户需自行校准。一是仓门无法完全打开或关闭时。二是落料速率与预期值有偏差时。三是遥控器误报或无料报警时。

校准方法：进入遥控器作业界面—设置选项—播撒系统，在播撒系统设置中点击校准，然后等待自动完成校准。若初次校准失败，可重复操作直至完成校准。

2. 播撒机清理

在清理播撒机时，应先将作业箱与播撒机分离，使用拧干的湿布擦拭作业箱内部与外部，并使用干净柔软的干抹布将作业箱擦干。

使用软刷清理（减速箱、搅拌棒、甩盘主体、播撒盘等），并使用干燥空气进行吹气清理，然后使用干净柔软的干布擦拭。

切勿直接用水清洗。

农用无人机日常检查内容与维护保养技术见表10-1、表10-2。

表10-1　农用无人机日常检查内容

系统名称	项目	检查内容	注意事项
机身	机身	1. 检查机臂是否有裂痕、变形； 2. 展开机臂，检查套筒及套筒锁附位置的螺纹是否有磨损； 3. 检查机头上方的天线模块是否松动； 4. 脚架与机身框体是否松动； 5. 检查雷达外壳是否破损； 6. 雷达支架安装是否牢固	切勿使用损伤部件，以免出现炸机风险；切勿使用超过0.7兆帕高压水枪冲洗机身；MG系列与T16建议使用湿抹布擦拭机身，切勿用水直接冲洗机身
遥控器	遥控器	1. 遥控器外观检测； 2. 遥控器外置电池与遥控器的接口是否松动	遥控器电池请勿长期满电或低电量存放

系统名称	项目	检查内容	注意事项
动力系统	桨叶	1. 检查桨叶是否破损、变形，若有及时更换； 2. 检查垫片是否破损	桨叶需成对更换
	桨夹	桨夹是否存在松动	桨夹出现破损应及时更换
	电机	1. 有无卡转堵转、异响； 2. 上下拉动电机转子，有无松动； 3. 水平左右晃动电机，检查电机与电机座是否松动	桨叶有药液等附着物、桨叶破损、电机异常等，飞行器将存在动力饱和导致的炸机风险
	电池	1. 电池外观检查； 2. 电池与电池座的金属簧片检查	电池不防水，切勿用水直接冲洗或泡水清洗
	充电器	充电器散热孔是否有灰尘	四通道充电器需定期清理散热口灰尘
喷洒系统	药箱	1. 检查密封圈是否变形，密封面是否破损； 2. 检查水箱内滤网是否有腐蚀； 3. 检查水箱内液位计是否正常工作	安装药箱内滤网时，注意检查橡胶垫圈
	水泵	通过遥控器检查水泵流量、压力、转速，若数据异常，请联系售后网点进行更换	切勿私自拆开水泵进行清理，可能造成水泵气密性下降
	喷嘴	1. 检查喷嘴是否堵塞，喷雾是否均匀； 2. 喷嘴橡胶圈是否变形，封面是否破损； 3. 喷嘴滤网是否腐蚀	请勿使用金属物体清理喷嘴，及时更换破损硬件，避免影响作业效果
	水管	水管是否破损	及时更换破损件
	流量计	检查流量计数据是否正常	更换不同型号的喷嘴，要进行流量校准
播撒系统	作业箱	检查作业箱与播撒机连接是否牢固	
	撒播机	1. 检查霍尔元器件是否正常； 2. 检查搅拌棒是否正常转动； 3. 检查舱门是否可以调节大小	若使用时出现以下情况，需校准： 1. 仓门无法完全打开或关闭 2. 落料速率与预期值有偏差 3. App 误报无料警报
	播撒转盘	播撒转盘是否磨损	

表 10-2　农用无人机日常维护保养技术

系统名称	项目	日常维护方法	注意事项
机身	机身	使用软毛刷或湿布清洁机身,再用干布抹干水渍	切勿使用超过 0.7 兆帕高压水枪冲洗机身;建议使用湿抹布擦拭机身
遥控器	遥控器	用拧干水分的湿布清除表面灰尘与农药残留	清理遥控器散热口时,切勿将水渍溅入
动力系统	桨叶	用湿布擦拭桨叶,检查桨叶有无裂纹,再用干布抹干水渍	更换桨叶时需要按相对应的型号成对桨叶
	桨夹		桨夹破损应及时更换
	电机	使用软刷或湿布清洁,再用干布抹干水渍	若电机桨叶表面有沙尘、药液附着,建议用湿布清洁表面,再用干布抹干水渍
	电池	用棉签蘸酒精清理电池与电池座的金属簧片,将表面附着物清理干净	电池不防水,切勿用水直接冲洗或泡水清洗
	充电器	用拧干的湿布清理充电器,再用干布擦干水渍	切勿将水渍溅入充电器内,造成内部模块异常
喷洒系统	药箱	使用清水或肥皂水注满作业药箱,并完全喷出,如此反复清洗 3 次	打敏感作物或其他药剂前需要彻底清洗药箱
	滤网	将药箱滤网及喷嘴拆出后进行清洁,确保无堵塞,然后再清水浸泡 12 小时	安装喷头时注意正确安装橡胶垫片与喷嘴定位环
	喷嘴		使用软刷清理,切勿使用金属物体清理
播撒系统	作业箱	使用干燥的压缩空气吹气进行清理,并使用干净柔软的干布擦拭	切勿使用水直接冲洗
	播撒机		
	播撒盘		播撒盘为易损耗部件,如存在明显磨损,请及时更换播撒盘

第四节 农用无人机植保药剂选用技术

一、农药的剂型及使用方法

工厂生产出来的农药为原药，一般不能直接使用，必须加工配制成各种类型的制剂，才能使用。制剂的型态称为剂型。

适合销售的农药都是以某种剂型的形式，销售给用户使用的。我国使用最多的剂型是乳油、悬浮剂、可湿性粉剂、粉剂、粒剂、水剂、母液、母粉等剂型。

原药加工成剂型有以下作用。

一是提高农药的分散度；二是增加附着性；三是提高稳定性；四是降低农药毒性，提高使用范围；五是提供特殊气味，避免误食。

多数农药剂型在使用前经过配制成为可喷洒状态后使用，或配制成毒饵后使用，但粉剂、拌种剂、超低容量喷雾剂、熏毒剂等可以不经过配制而直接使用。

每种农药可以加工成几种剂型。各种剂型都有一定的或特定的使用技术要求，不宜随意改变用法。例如颗粒剂只能抛撒或处理土壤，而不能加水喷雾；可湿性粉剂只宜加水喷雾，不能直接喷粉；粉剂只能直接喷撒或拌毒土或拌种，不宜加水；各种杀鼠剂只能用粮谷等食物拌制成毒饵后才能应用。

二、农用无人机适用的药物剂型

农用无人机在植保作业过程中采取的是低容量喷雾方式作业，具有雾滴小、用药少的特点。这种特殊的作业方式使其在用药、剂型、作用方式选择方面与其他植保机械有一定不同。

（一）农药剂型的选用

农用多旋翼无人机飞防作业都是使用喷雾方式进行的，由于喷雾粒径较小，所以不能选用粉剂类剂型，应选用水基化剂型，如水乳剂、微乳剂、乳油、悬浮剂、水剂等。可湿性粉剂、可溶性粉剂有可能造成堵塞喷头、水泵寿命缩短等情况，应尽量避免使用。

（二）农药毒性的选用

飞防作业的药剂因为稀释比例低，所以不能使用剧毒及高毒农药，否则将有可能导致人员中毒。以下高毒及剧毒农药切不可用作飞防药剂，如甲拌磷、对硫磷、久效磷、杀虫脒、克百威、甲胺磷、灭多威等。

三、药剂配制规范

药剂配制时，配药人员应在穿戴防护设备齐全的前提下进行，按照二次稀释法要求，即先用少量的水，将农药稀释成母液备用，再将配制好的母液按一次的使用量和稀释比例倒入准备好的清水中，搅拌均匀用于喷洒作业。

配药时应在开阔的空间进行。禁止在密闭空间、下风向等情况下进行配药，否则将可能造成人体中毒。需要注意的是，部分操作人员会使用一次性塑料薄膜手套，这种手套没有弹性，且耐用性和适用性也比较差，无法保障配药人员安全。应使用质量较好的丁腈橡胶手套，不仅耐用性好，而且不渗透、耐腐蚀。

参考文献

丁为民，2011. 农业机械学 ［M］. 北京：中国农业出版社.

付云峰，2024. 浅析豫东小麦机收损失原因及减损措施 ［J］. 河南农业（1）：57-58.

高丽萍，陈慧，刘嘉诚，等，2023. 油菜机械直播同步分层施肥对根系构型和抗倒伏能力影响 ［J］. 农业工程学报，39（11）：87-97.

郭晓，郑金松，2022. 基于花生收获机故障排除及维护要点探究 ［J］. 石河子科技（2）：69-70.

胡志超，2013. 半喂入花生联合收获机关键技术研究 ［D］. 南京：南京农业大学.

黄勇，2022. 联合收割机的保养与维修 ［J］. 农业技术与装备（3）：88-90.

孔洁，庞茹月，王铭伦，等，2022. 分层减量施肥对花生根系生长的影响 ［J］. 中国土壤与肥料（5）：77-83.

李丹妮，2019. 陕西汉中油菜机械化直播技术效应研究 ［D］. 咸阳：西北农林科技大学.

李会全，2023. 玉米机收减损作业注意事项及建议 ［J］. 农机科技推广（10）：13-14.

李衍军，刘瑞，刘春晓，等，2021. 气送式排种器输种管内种子速度耦合仿真测定与试验 ［J］. 农业机械学报，52（4）：54-61，133.

聂普顺，2014. 条播排种器的种类及构造 ［J］. 农机使用与维修（5）：66.

农业部，2009. 农业机械　生产试验方法：GB/T 5667—2008 [S]. 北京：中国标准出版社.

农业农村部，2022. 小麦机械化收获减损技术指导意见 [J]. 中华人民共和国农业农村部公报（6）：75-78.

农业农村部，2024-3-25. 2023 年全国大豆玉米带状复合种植技术方案 [EB/OL]. https://www.moa.gov.cn/ztzl/2023cg/jszd_29356/202304/t20230412_6425188.htm.

农业农村部办公厅、国家发展改革委办公厅，2022. 关于印发《2022 年主粮作物机收损失监测调查方案》的通知 [J]. 中华人民共和国农业农村部公报（7）：47-51.

农业农村部农业机械化管理司，2022. 关于印发油菜机械化收获减损技术指导意见的函 [J]. 中华人民共和国农业农村部公报（5）：62-65.

农业农村部农业机械化管理司、农业农村部农业机械化总站、农业农村部农作物生产全程机械化推进专家指导组，2022. 水稻机械化收获减损技术指导意见 [J]. 农业机械（7）：38-40.

农业农村部农业机械化管理司、农业农村部农业机械化总站、农业农村部农作物生产全程机械化推进专家指导组，2023. 玉米机械化收获减损技术指导意见 [J]. 农机科技推广（10）：4-7.

农业农村部农业机械化管理司、农业农村部农业机械化总站、农业农村部农作物生产全程机械化推进专家指导组，2024-3-25. 大豆机械化收获减损技术指导意见 [EB/OL]. http://www.njhs.moa.gov.cn/tzggjzcjd/202109/t20210923_6377124.htm.

农业农村部农业机械化总站，2024-3-25. 大豆玉米带状复合种植全程机械化技术指引 [EB/OL]. http://www.njhs.moa.gov.cn/qcjxhtjxd/202303/t20230322_6423680.htm.

齐辉，2022. 水稻收割机的关键技术与常见故障特征分析 [J]. 农机使用与维修（9）：109-111.

全国农技推广网，2024-3-25. 2023 年全国大豆玉米带状复合种植技术手册［EB/OL］. https://www.natesc.org.cn/news/des?id=bde552d7-2834-4788-9746-f9cb9194f13c&CategoryId=fd65edae-0601-4e44-96bb-ff884d35a21f.

司慧积，2020. 职业道德［M］. 北京：中国劳动社会保障出版社.

陶华，刘松涛，2020. 黄淮海地区大豆机械化收获存在的问题和解决办法［J］. 大豆科技（5）：43-45.

王东伟，2013. 花生联合收获机关键装置的研究［D］. 沈阳：沈阳农业大学.

王昕彤，奚小波，陈猛，等，2023. 大豆玉米带状复合种植技术与装备发展现状［J］. 江苏农业科学，51（11）：36-45.

佚名，2018. 播种机的闲时养护［J］. 农业机械（12）：137-138.

张龙新，2018. 油菜全程机械化技术要求与机具选择［J］. 农机科技推广（1）：13-15.

张强，仇丽杰，姜卉，等，2022. 农用无人机操作与植保技术［M］. 北京：中国农业科学技术出版社.

张淑娟，2021. 水稻收割机的操作要点及维护保养［J］. 农机使用与维修（5）：71-72.

张玉洁，毕珈宁，江东博，等，2021. 气力式小麦精量排种器研究现状及展望［J］. 河北农机（11）：22-23.

章树，2023. 油菜机械化直播的特性及栽培技术［J］. 农业技术与装备（8）：155-156，159.

周桂元，梁炫强，2017. 花生生产全程机械化技术［M］. 广州：广东科技出版社.